中油杂 9 号

中油杂 11 号

油研 7 号

杂 9522

杂交油菜制种田

杂交油菜丰收在望

中芝10号大田

中芝10号

中芝12

鄂芝 1 号

鄂芝 3 号

漯 12

粮棉油草良种引种丛书

油菜芝麻良种引种指导

YOUCAI ZHIMA LIANGZHONG YINZHONG ZHIDAO

编著者
李云昌 郭庆元 赵应忠

金盾出版社

内 容 提 要

本书由中国农业科学院油料作物研究所的专家编著。本书在介绍油菜、芝麻生产发展，油菜、芝麻良种引种的意义，油菜、芝麻生态环境与良种引种的关系以及引种原则的基础上，从数百个品种中遴选出43个油菜优良品种和24个芝麻优良品种，具体介绍了这些优良品种的来源、特征特性、产量表现、栽培要点、适种地区和供种单位。品种较丰富，涵盖面广，先进性、实用性强，文字通俗易懂，是指导广大农民、基层农业科技人员和种子经销单位选择引进良种的重要实用书籍。

图书在版编目(CIP)数据

油菜芝麻良种引种指导/李云昌等编著. —北京：金盾出版社，2005.3
（粮棉油草良种引种丛书）
ISBN 978-7-5082-2243-1

Ⅰ.油… Ⅱ.李… Ⅲ.①油菜-引种②芝麻-引种 Ⅳ.①S634.302.2②S565.302.2

中国版本图书馆CIP数据核字(2004)第141809号

金盾出版社出版、总发行
北京太平路5号(地铁万寿路站往南)
邮政编码：100036 电话：68214039 83219215
传真：68276683 网址：www.jdcbs.cn
彩色印刷：北京凌奇印刷限责任公司
黑白印刷：北京军迪印刷有限责任公司
装订：北京军迪印刷有限责任公司
各地新华书店经销

开本：850×1168 1/32 印张：3.625 彩页：4 字数：84千字
2011年5月第1版第6次印刷
印数：38001—46000册 定价：5.00元

序言

种是农业“八字宪法”的核心，它既是生产资料，又是体现现代科学技术的载体。选用具有优良生产性能和加工品质的作物品种，是实现高产高效农业的重要前提。

新中国成立以来，我国作物育种工作者培育了一批又一批的农作物优良品种，为农业生产的发展和科学种田水平的提高做出了卓越贡献，使得我国农业能以占全球百分之七的耕地养活占世界百分之二十二的人口，成为举世瞩目和公认的巨大成功。近些年来，随着新的先进、实用技术的运用，我国在粮食、棉花、油料和饲用作物方面又陆续培育出许多新的优良品种，促进了良种的更新换代，也推动了农业现代化的进一步发展。

但是，我国地域辽阔，各地气候、土壤差异较大，生产水平、栽培条件各有不同，而各类作物的每一品种又都有其一定的地区适应性和对栽培条件的要求。在生产实践中，如何正确地选用、引进适合本地区条件的优良品种，并使良种良法配套，做到种得其所，地尽其力，物尽其用，仍然是一个普遍存在和十分现实的问题。

为此，金盾出版社邀请有关专家编写了“粮棉油草良种引种指导”丛书，分九个分册，分别介绍了水稻、小麦、玉米、小杂粮、棉花、大豆与花生、油菜与芝麻、饲料作物、牧草等最新育成的优良品种与引种注意事项。编撰者都是活跃在本专业生产与科研第一线的行家，他们深知优良品种都有其地区(包括肥水)适应性，不可能完美无缺，所以在编写中，本着科学、实用的原则，慎选精华，一分为二，既突出优点，又指明缺点，并针对引种经常或可能出现的问题提出指导性意见或应注意事项；同时每一品种都附有植株、穗部和籽粒的彩色照片，做到图文并茂。我相信，此套丛书的出版可为作物引种工作者、基层农业干部和技术推广人员，特别是广大从事种植业生产的农户，提供一部便于寻找、检索良种信息和通过比较后确定最适于生产试种品种的工具书，起到宣传、普及农业实用科学技术的作用。

中国农业科学院研究员
中 国 科 学 院 院 士 庄巧生

2003年7月1日

目 录

第一编 油菜良种引种

第一章 油菜生产发展与良种引种

油菜是我国的传统作物，大约在3000多年以前，我国古代人民就以油菜作为食物，始做蔬菜食用，以后又将油菜籽榨油作为主要食用油和照明用油。现在油菜生产广泛分布于全国各地，是现代农业中的主要油料作物，是长江流域各省的主要农作物。我国油用作物有大豆、油菜、花生、芝麻、向日葵、胡麻、红花等。2002年，我国油料作物种植面积2348.5万公顷，总产量4575万吨，其中油菜面积714.3万公顷，占油料作物总面积的32.9%，油菜籽产量1055.2万吨，占油料总产量的23.2%。

第一节 油菜生产的重要意义

一、油菜是重要的食用植物油源

植物油脂是人们日常生活必需的食品，是人体热量的重要来源。2002年全世界油料作物籽实产量为42780万吨，产植物油9447万吨，其中油菜籽3172万吨，菜油产量1173万吨，分别占油料籽实总产量的7.4%，占植物油产量的12.4%，仅低于大豆油和棕榈油。2002年我国菜籽油产量380万吨，占植物油总产量1185万吨的32.1%。油菜籽含有33%～50%脂肪，是最重要的植物油源。菜油易于消化吸收，低芥酸菜油的不饱和脂肪酸（油酸、亚油酸等)达到 80%以上,是营养价值很高的植物油。

随着经济发展和人们生活水平的提高,我国植物油的消费量在 1994 年以后增长很快,至 1999 年,我国植物油消费总量(国产与进口)达到了 1 172.7 万吨,其中菜油 428.5 万吨,占 36.54%。近几年来,植物油消费增长幅度进一步加大,2002 年已达到 1 547.3万吨,比 1995 年增长 61.7%,其中菜油 357.3 万吨,占总消费量的 23.1%。

二、油菜是重要的饲料蛋白源

油菜籽含有 20%~30%蛋白质,菜籽饼粕含 34%~45%蛋白质。且菜籽饼粕蛋白质的氨基酸组成合理,是优质植物蛋白源。在菜籽蛋白质中,必需氨基酸含量高,尤其是赖氨酸及含硫氨基酸的含量较高,因此菜籽蛋白有很高的营养价值,可以开发出各种食用蛋白产品和氨基酸,更可作为优质饲料蛋白源。20 世纪 60 年代育成低硫苷品种,使菜籽饼粕中的硫苷含量降到 40 微摩尔/克以下,可直接用做饲料蛋白源,用于养殖业,从而使菜籽蛋白成为重要的植物蛋白。近年来,我国植物蛋白的消费量伴随养殖业的快速发展而相应快速增长。1995 年我国植物蛋白饼粕年消费量为1 929.7万吨,其中菜籽饼粕占 26.8%;2002 年,全国消费植物蛋白饼粕达3 323万吨,其中菜籽饼粕为 614.8 万吨,占总量的 18.5%,比 1995 年增长 19%。大豆饼粕占植物蛋白饼粕总消费量的比例,由 1995 年的 38.87%增至 2002 年的 58.7%。随着我国油菜生产的进一步发展,油菜蛋白饼粕将达到 800 万~1 000 万吨,成为我国重要饲料蛋白来源。

三、油菜是重要的养地作物

油菜在生长过程中从土壤环境中吸收大量矿质养分、水分,利用光能和二氧化碳制造有机物,包括淀粉、油脂、蛋白质等。供人们提炼的食用油脂是以水和碳、氢、氧所合成,其他有机物和矿质元素大多以落花、落叶、腐根、残茬归还土壤,增加土壤有机质,有利于培肥土壤和改良土壤的理化性状。油菜根系在生长过程中的穿插、挤压活动及耕作活动,有利于土壤环境更新,促进土壤的氧化还原过程和土壤微生物活动,改善土壤肥力性状。油菜生长过程中分泌的有机酸及生理活性物质,可以促进土壤中难溶性养分的活化,提高土壤的潜在肥力,为后作生长创造良好的生态环境,促进农业可持续发展。据长期定位试验测定,每667平方米产100千克菜籽,其蒿秆、荚壳产量约有327千克,含6千克氮,1.2千克磷和7.4千克钾,相当于每667平方米产1 500千克紫云英绿肥的有机物及其所含氮、磷、钾等矿质养分。富含蛋白质的菜籽饼粕用做饲料后,可以产出优质肥料,也可将菜籽饼粕直接用做优质肥料。

四、油菜可提供多种工业原料

菜籽油经过精炼、脱色和氧化处理,可以制作色拉油、起酥油、人造奶油以及糖果、糕点等高级食品。菜籽油在食品工业中应用很普遍,还是多种工业的重要原料,用于冶金、机械、橡胶、化工、纺织、油漆、制皂、油墨、造纸、皮革、医药等。高芥酸油在工业上还有特殊用途,如铸钢需要使用高芥酸油做润滑剂,船舶、铁路车辆都要用高芥酸油做润滑油。芥酸的衍生物芥酰胺广泛用在塑料制品上,菜籽油的裂解产物可分离出壬酸脂和十三碳二元酸,用做塑料工业的优良增塑剂,还可以制造尼龙、化妆品。菜籽油还可以作为生物燃料,用做替代能源,在能源紧缺日益加剧的当今世界,生物燃料显得十分重要,已有不少国家开始试用菜籽油生物燃料。

第二节 我国油菜生产概况

我国是油菜的起源地之一,种植油菜的历史已有几千年。油菜生产分布在全国各地,东起滨海地区,西到青藏高原,南达亚热带的水稻产区及红黄壤丘陵区,北至黑龙江及三江平原。按种植制度、播种季节的不同,全国可分为西北、东北的一年一熟春油菜区,黄河流域及其以南的广大地区为一年两熟或三熟的秋冬播油菜栽培区,青藏高原、云贵高原的部分山区还有夏播油菜。长江流域是我国的油菜集中产区,油菜播种面积、总产量均占全国的80%以上,占全世界油菜播种面积、总产量的1/4以上,是世界上四大油菜栽培区中面积最大、产量最多的产区。

到20世纪,油菜生产规模不断扩展,特别是近30年发展很快,1991~2000年与1948~1950年的平均数相比较,面积扩大了3.14倍,单产提高了1.81倍,总产增长了10.99倍。其间以20世纪80年代发展最快,与上个10年相比,面积、单产、总产分别增长97.80%、78.96%和211.13%。1979~1999年的20年,全国油菜面积增加1.5倍,单产提高69%,总产增加3.2倍。1979年油菜产量,四川省(含重庆市)为第一,江苏、浙江、安徽、湖南省分居第二、第三、第四、第五位,总产在10万吨以上的共有9个省,均分布在长江流域。1999年油菜产量,湖北为第一,达159.97万吨,产量超过100万吨的有安徽、四川、江苏、湖南省,超过10万吨的有贵州、江西、浙江、河南、青海、甘肃、陕西、内蒙古、新疆、云南、上海等16个省、市、自治区。2002年,全国油菜产量1 133万吨,比1999年增加11.8%,为历史上产量最高年份。近20年来,长江流域各省保持快速发展,黄河流域的青海、陕西、甘肃、内蒙古等省、自治区也增长很快,成为年产10万吨以上的油菜生产大省。东北的黑龙江总产增长20多倍,面积增加16倍,是北方增幅最大的省区。位于南亚热带的广西总产增长30多倍，面积扩大10倍，是南部增幅最大的省区。高海拔的西藏，在20世纪80～90年代，油菜生产也有很大发展，每公顷产量达到2 341千克，是全国单产最高的省区，总产增长4倍。以上情况说明，油菜有广泛的适应性，全国除华南的部分热带、南亚热带地区以外，都可以通过选择油菜品种、调整播期，扩大油菜种植面积，还可以大幅度提高单产。

第三节　油菜生产发展与良种引种

油菜生产水平的提高，油菜产业的发展，同油菜良种引种与良种的推广利用密不可分。

一、油菜生产发展与良种引种

最近50年来，中国油菜生产发展的几个阶段表明良种及良种引种在油菜生产发展中起着基础作用和主导作用。

1950～1960年，中国油菜品种是以白菜型、芥菜型为主的地方品种，这类品种具有较好的适应性和较强的抗性，但产量潜力较低。1951～1960年，全国油菜平均单产仅495千克/公顷。20世纪60年代，引种推广产量潜力较高的甘蓝型油菜品种，全国油菜生产水平逐步提高。80年代全国油菜主产区基本普及甘蓝型油菜（西北春油菜区及西南的芥菜型油菜区例外），这一时期的长江流域油菜主产区，先后引种、试种高产、高抗、早熟的甘蓝型油菜新品种甘油5号、中油821、甘蓝型杂交油菜秦油2号等一批良种，先后在长江流域及黄淮地区引种推广，成为生产上的主栽品种，其中中油821、秦油2号年种植面积均达到67万多公顷。这些良种的引种及其推广利用，加上配套栽培技术的应用，促进了油菜单产水平的大幅度提高。1981～1990年，全国油菜平均单产达到1 106千克/公顷，比1951～1960年的平均单产提高1倍多，总产增加4倍多。

二、油菜育种与良种引种利用

油菜品种改良的主要途径有三条:一是直接引进经济性状或品质性状优良的本地品种或近地品种进行试种、观察和鉴定,从中选择性状表现优异、适合本地生态环境和生产条件的品种,经选纯后直接用于生产;二是引种外地的品种、品系进行试种观察,从中选择综合性状好或具有某种特异优良性状的品种(品系)作为亲本与当地的良种杂交,从杂交后代选育优异株系培育成新品种;三是选用当地或外地的具有某些特殊优良性状的品种为材料,通过物理的或化学方法进行诱变,从变异后代中选出适合当地生态环境和生产条件的变异株系,育成新品种。以上育种途径的关键是良种(或亲本)的引种观察。所以良种引种是油菜品种改良的前提与基础。

三、资源鉴定研究与良种引种

油菜是世界上古老的作物之一,现今广泛分布在世界各地。在漫长的栽培历史进程中,在广阔的种植区域的不同生态环境下,经长期的自然选择、人工选择、自然杂交和人工授粉杂交,形成了丰富多样的品种资源。现保存在国家品种资源库的油菜品种是极其宝贵的资源财富,是油菜品种改良和生产发展的物质基础。编目入库的油菜品种资源都进行了种植观察和主要性状的鉴定研究,积累了每个品种的信息资料,为生产上直接引种利用和品种改良、选用优良亲本或特异亲本提供了依据。因此,油菜资源的鉴定研究是油菜良种和亲本选用的基础,而良种引种和亲本利用是油菜资源研究的后续发展。

四、我国油菜良种引种的发展

新中国成立后，为适应人民生活和恢复国民经济发展的需要，全国收集分散在农村千家万户的地方油菜品种，从中筛选出一批优良品种，经引种试种，用于生产并作为育种材料加以利用，为20世纪50～60年代的油菜生产恢复与发展做出了贡献；40～60年代先后从欧洲、日本引种甘蓝型油菜品种并加以改良，从中选育了一批适于当时生产水平的甘蓝型油菜品种，特别是经杂交和辐射育成的一批抗病、高产甘蓝型油菜品种，经逐步引种试种，扩大利用，为我国油菜生产发展做出了重大贡献；70～80年代通过油菜品种资源的搜集、整理，特别是从国外引进一批具有优异性状的油菜品种和杂交亲本材料，从中选育出低芥酸、低硫苷品种和细胞质雄性不育系、保持系、恢复系，推动了油菜双低育种和杂交油菜育种发展，促成油菜品种改良与高产育种的巨大飞跃，为油菜产业发展提供了物质基础。

第二章　油菜生态环境与良种引种

油菜原产北温带，喜冷凉或较温暖的气候，由于栽培历史悠久，栽培区域逐渐南进北移，而栽培生长季节又分为冬油菜和春油菜两大类别。由此形成了适应各地区自然条件的不同品种类型和品种，分布范围逐步扩大遍及世界各地。在较冷凉而湿润的气候下，油菜生长良好，如中国、印度次大陆、加拿大、欧洲西部和北部，这些地区气候条件能满足油菜生长发育的要求，故成为世界最主要的产区。在这些地区，又根据不同条件和品种适应性，分别种植冬油菜或春油菜。同时由于形成的变种和品种类型繁多，各具有对不同气候条件的适应性，油菜的分布由南部推移到北部。在一些地区，油菜生长季节几乎没有雨水，而在另一些地区，冬季和春季则非常湿润，这些事实说明油菜生产还有巨大的发展前途。当然，要使油菜生产良好并获得较好收成，在油菜的播种、收获和整个生长季节，均要求有一定的适宜的气候生态条件。

第一节　油菜生长发育特性

油菜的一生要经过发芽出苗期、苗期、蕾薹期、花期和角果发育期等不同生长发育阶段。油菜的生长与发育是相互促进、相互制约的，只能在满足了它的生态条件的基础上，油菜的生长与发育才能完成。

不同油菜品种生育期长短不同，大体上可分为早熟、中熟和晚熟等类型。同一油菜品种，在不同时期播种，其生育期长短也不同，这主要与油菜生长点发生质变的迟早，以及进入发育时期早晚有关。凡生长点发生质变早，进入发育时期早，则生育期短；反之则长。甘蓝型中、晚熟油菜品种必须要有一定的低温条件，生长点才能发生质变，才能进行发育；如果不能满足其对低温的要求，生长点不能发生质变，也就不能发育。在满足其生长发育环境条件的前提下，迟熟油菜品种一般产量较高，中熟品种产量次之，早熟品种产量较低。只有适应当地自然气候条件和栽培制度的品种，才是高产品种。这就要求品种具有一定的发育特性，其中最主要是由感温性和感光性。

一、油菜对温度的感应性

研究油菜的感温性，常采用分期播种的方法，以此研究品种播期与抽薹之间的关系。一般情况下，春性程度越高的品种，高温促进抽薹开花的作用越大；相反，春播性程度越低的品种，高温反而有延迟抽薹的作用。从日照的作用看，总体情况是日照虽有促进抽薹开花的效应，但与品种春播性程度之间没有明显的规律性联系；也就是说，春播性程度越高的品种，日照促进抽薹开花的作用并不越强。由此可见，油菜品种的春播性程度，主要是由感温性决定的。

油菜的春化阶段是指油菜必须通过一定的温度条件才能现蕾开花结实。特别是秋播冬油菜，播种后需经过一个低温阶段，才能现蕾开花结实。根据油菜不同品种对低温感应性的不同特点，可以将其分为3种类型。

（一）冬性型 冬性型油菜对低温要求严格，需要在0℃～5℃的低温条件下，经15～30天以上才能发育，一般为冬油菜晚熟品种或中晚熟品种。我国甘蓝型油菜晚熟品种，白菜型冬油菜和芥菜型冬油菜晚熟和中晚熟品种，以及从欧洲等地引入的冬油菜品种，均属这一类。

（二）半冬性型 半冬性型油菜对低温感应性介于冬性型和春性型之间，对低温要求不如冬性型严格，一般为冬油菜中熟和早中熟品种。我国长江流域主产区大多数甘蓝型油菜的中熟和中晚熟品种和长江中下游的白菜型油菜中熟及中晚熟品种都属于这一类。

（三）春性型　这类油菜可在8℃～12℃，甚至更高的温度下通过春化感温阶段。一般为冬油菜极早熟、早熟和部分早中熟品种，如西北地区的春油菜，西南地区的白菜型早中熟和早熟品种，华南地区的白菜型油菜品种，欧洲及加拿大的春油菜品种。

二、油菜对光周期的感应性

植物具有光周期现象，即一天中光照与黑暗的交替与长短，对植物的开花结实有很大影响。根据植物对光周期的不同反应，可将植物分为3类：一是短日性植物，即在较短日照条件下（一般需要14小时以上的黑暗）才能开花的植物；二是长日性植物，即在较长日照条件下（一般需要14小时以上的光照）才能开花的植物；三是中间性植物，即对日照长短要求不严格的植物。

油菜通过光照阶段时，同样要求一定的外界环境条件，其中光照条件是主导因素之一。研究表明，上海郊区种植的甘蓝型油菜，萌动种子经春化处理20天，然后置于不同日照长度的温室条件下栽培，发现每天日照时数在12～20个小时范围内，油菜开花期随日照时数的增加而提前；若经60天春化处理，则在4个小时或6个小时的日照条件下均能现蕾，并缓慢达到开花期。由此可见，油菜的发育与外界环境条件具有密切的关系，当油菜春化处理的时间延长，通过光照阶段时，即使在较短的日照下，也可以现蕾开花。油菜在通过光照阶段时，除日照长短外，温度条件也起着相当重要的作用，即适当提高温度，可促进提早现蕾开花。一般情况下，冬性型油菜品种纵然满足了春化阶段对低温条件的要求，至光照阶段时，夏季过高的温度也会阻碍其正常的生理过程，不利于光照阶段的通过，甚至影响以后的发育；春性强的春性型油菜品种，在南方冬季温暖地区能在冬前甚至全年现蕾开花，对温度和光照条件无严格的的要求。

作物的感光性与地理起源有很大关系。低纬度地区由于无长日照条件，因此短日照植物多起源于热带或亚热带；反之，长日照植物则多起源于温带或寒带。从油菜起源看，应属于长日照植物。就油菜而言，又与它们原产地生长季节中日照的长短有关。所有春油菜由于花前所经历的光照长，故系对长光照敏感类型。而冬油菜，即使是生长在高纬度的冬油菜，由于花前所经历的光照较短，故系对长光照不敏感类型。

三、油菜生长发育特性的应用

(一)在引种上的应用 引入的品种是否适应当地气候条件，与品种的感温性和感光性关系极大。我国北方冬性强的冬油菜引种到南方种植，因不能满足其对低温的要求，而发育慢，成熟迟，在海南省和广东省甚至不能抽薹开花。而西南地区春性强的冬油菜品种向北向东引种，抗寒性弱，容易早薹早花。加拿大和欧洲的甘蓝型春油菜品种引入我国长江流域秋播生育期较长，生长发育慢，主要是这些品种感光性较强所致。一般我国长江中下游中熟品种可互相引种，而华北、西南地区春性较强的品种则不宜在该地区种植。西南地区半冬性品种可引入长江中游栽培。西南地区春性品种可引入华南各省栽培。

(二)在品种布局与栽培技术上的应用 油菜发育特性不同，其生育期长短也不相同，在进行品种布局时应注意这个问题。如长江流域三熟制地区，要求种植能迟播早熟的半冬性品种。而两熟制地区可采用苗期生长慢的半冬性品种。在播种期上，由于春性强的品种早播后会早薹早花，遭受冻害，应适当迟播；而冬性强的品种则应适时早播，延长生育时期，促进其营养生长旺盛，以利于高产。在栽培管理上由于春性品种发育快，田间管理措施应适当提前进行,否则营养生长不足,产量不高。

(三)在育种上的应用 为了使两个温光生态特性不同的品种能够互相杂交,应根据其温光特性选择恰当的播种期,或采取人工春化处理,或遮光或补充光照的方法,以促进两者花期相遇。

现在各地为了加速育种世代,常采取异地夏播方法以增加一个世代,这就要了解品种的温光生态特性。如冬性油菜品种在昆明、西宁等地夏播,则长期停留在苗期阶段,不能现蕾开花,这类品种就不宜引进昆明、西宁等地夏播。又如某些春油菜在长江流域生育期较长,发育时期与冬性品种差不多,但这类品种属春性、感长光照的类型,引进昆明、西宁等地夏播时为早熟类型,故可以夏播。

在杂交组合选配上,也要考虑品种的温光生态特性。一般冬油菜早熟与早熟或早熟与中熟杂交,F2 代一般出现接近较早熟亲本的后代多,其春性强,经济性状得不到显著改善;早熟与晚熟或中熟与晚熟杂交,F2 代一般出现晚熟后代较多。

第二节 油菜生育过程与生态环境

一、发芽出苗期

油菜种子发芽率的高低与油菜种子的生活力、贮藏条件有关,而种子生活力与种子本身的成熟度、含水量、大气温度、湿度等条件均有密切关系。一般成熟适度,含水量在 10%以内,并贮藏在干燥而冷凉的条件下,可以较长时间地保持其生活力。

油菜种子发芽和出苗,一般要经过 4 个阶段:①吸胀阶段。油菜种子发芽时,首先吸收水分,一般吸水达种子本身重量的 60%以上,使种子膨胀到原体积的 1 倍左右。②出芽阶段。种子吸收足够水分后,胚根开始伸长,突破种皮,现出白色根尖。③幼根活动阶段。幼根深入表土2厘米左右，根尖以上生出很多白色根毛。④子叶平展阶段（出苗阶段）。当幼根生长根毛后，胚茎向上延长，略现弯曲，待种皮脱离，幼茎始直立土面，子叶由淡黄色转为绿色，并逐渐展开呈水平状，开始进行光合作用。其真叶和侧根出现后，即进入苗期生长阶段。

油菜种子发芽和出苗期间，吸收水分，进行呼吸作用，促使胚及子叶内部酶的活动加强。特别是在脂肪酶作用下强烈地进行脂肪分解过程，而脂肪酶的活动受温度、水分等环境因素影响，一般含油量多的大粒种子发芽时，需要吸收和消耗大量的水分和氧气，才能使脂肪在脂肪酶的作用下水解成为甘油和游离脂肪酸。甘油和脂肪酸迅速为发芽的种子所利用，合成各种物质，糖类是脂肪转变后所生成的主要物质。在水分和氧气充足的条件下，影响脂肪转化为糖类的主要因素为温度条件，温度适宜，转化就快，发芽和出苗也较迅速。

（一）水分 水分是种子萌发的首要条件，只有当种子细胞内自由水达到一定量时（一般为种子自身量的60%以上，种子膨胀是原种子体积的1倍左右），才能使种子中部分贮藏物质变为溶胶，同时使酶的活性增强，并起催化作用。种子吸水速度与温度相关，一般温度较高时，种子吸水速度较快。此外，品种之间种子吸水速度也有差异。种皮薄、蛋白质含量较高，种子吸水速度较快；反之，种皮厚，脂肪含量较高，种子吸水速度较慢，需水量也较多。

（二）温度 油菜种子发芽要求一定的温度。据研究，油菜种子萌发的最适温度为25℃左右，最低温度4℃左右，最高温度36℃左右。不同品种的种子在不同温度条件下的萌发速度和发芽率不同。一般在20℃～30℃时，甘蓝型油菜品种发芽较快，发芽势较好；在低温条件下，发芽较慢，发芽势较差。因此，油菜栽培强调适时抢墒播种。

（三）氧气 油菜种子在休眠期间呼吸作用微弱，需氧很少，一般为 24~63 微升氧气/克鲜重·小时。但种子发芽后，呼吸作用特别旺盛，且酶的活动也需要氧气，因此需氧量迅速增加。有研究表明，杂交油菜种子比普通油菜种子发芽时需要更多的氧气。因此，油菜育苗和直播时，一定要做到精细整地，达到土壤松软，表面平整，以利于供给足够的氧气。

我国长江流域油菜主产区，一般油菜育苗播种期在 9 月中下旬，其育苗播种期的雨水是影响育苗的最主要气象因素，长江流域 9~10 月份的气候，一般属于秋高气爽天气，雨水少，大多数地区秋旱严重，影响播种出苗和幼苗生长。因此，油菜一般需要抗旱播种，这样就需要选择水源方便的地块，精细整好苗床，以利于及时浇水灌溉，并避免土壤板结而氧气供应不足造成出苗不齐。长江下游秋旱对油菜播种的影响相对较小，并且有些地方地下水位较高，有的年份秋雨较多易造成闷种死苗。我国油菜播种季节一般气候温和，温度常在 20℃~28℃，基本适合幼苗生长。

适期播种是夺取油菜高产稳产的一项重要措施，必须在适应一定地区的气候条件、耕作制度、品种特性的前提下，调节油菜播种期，使之能在生产季节和温、光、水等因素上得到最大限度的满足，避免或减轻寒、热、旱、涝和病虫害等灾害的影响，促使油菜发芽迅速，苗全苗齐，冬前健旺，壮苗越冬，春发稳长，经济性状发育良好，保证稳产增收。

各地油菜适宜播种期的范围是有限度的，绝非越早越好。如果播种过早，由于温度太高，抗逆力减弱，不利于培育壮苗，而且病虫害严重，部分品种还会提早开花，从而使产量降低。

二、苗　期

油菜苗期是从子叶展开、出现真叶到现蕾为止。苗期又可分为苗前期和苗后期。油菜苗期主茎一般不伸长，或伸长不显著，且茎基部着生的叶片多呈丛状或匍匐状。由于冬油菜是越年生长的作物，苗期很长，一般占全生育期的1/2以上。油菜苗前期一般只长根、叶，是单纯营养生长期；从花芽分化开始，油菜就由苗前期过渡到苗后期，既生长营养器官，又进行生殖器官（花芽）分化，营养生长和生殖生长并进（又称孕蕾期）。但营养生长仍占主导地位。

花芽分化是油菜生长发育的一个重要转折点。花芽分化的迟早和品种、地区条件、播期以及管理水平等因素有密切关系。一般来说，早熟品种苗前期短，迟熟品种苗前期长；早熟品种早播时苗前期短，迟播的苗前期延长，迟熟品种则相反；早熟品种与迟熟品种的苗前期，早播的差异大，迟播的则差异小。这些现象的产生，是与早熟品种能在较高的温度下通过感温阶段，而迟熟品种则要求较低的温度才能通过感温阶段的特性有关。在栽培上，为了获得高产，迟熟品种可提早播种，以延长苗前期，打下更好的营养生长基础；早熟品种播种不宜过早，否则会很快进入苗后期，在年前出现早薹、早花现象。同时，苗前期生长的好坏，直接影响到苗后期和以后各阶段的生长，因此，必须加强苗前期管理，以苗前期旺盛的营养生长，促进苗后期旺盛的营养生长与生殖生长。

油菜的苗期以营养生长为主。地上营养体的增大，主要表现在叶片的生长。子叶平展后，每一片真叶出现所需的日数，受气温影响很大。气温高时所需日数缩短，气温低时相应延长。当气温在16℃以上时，在适宜的土壤水分和养分供应情况下，叶片生长较快；一般春性较强的品种叶片出现的日数较冬性品种为短。长江流域的甘蓝型油菜，一生主茎叶片数为30片左右，生长良好的可达40多片，生长不良的只有20多片。主茎叶片数与第一次分枝数呈高度正相关，主茎叶片数多，产量高。油菜主茎叶片的多少，关键在苗期，因为主茎花芽分化开始时，主茎叶片已经定型。因此，要增加主茎叶片数，必须在花芽分化前促进早发壮苗。农谚说："年前1片叶，年后1个枝；年前多1叶，年后多1枝"。试验表明，油菜年前多1片绿叶，约可增产8%以上。故适当增加冬前叶片数占主茎总叶数的比例,对提高产量有重要作用。

影响冬前绿叶数的原因很多,除播种期、移栽期、移栽时的幼苗品质和管理水平等因素外,还与气候因素有关,如冬前的积温、降水量及日照条件等,其中尤以与积温及降水量的关系最大。油菜栽培由于不能控制气候因素,主要是要做到精细整好苗床地,及时在苗床定苗、防虫和去除杂草,培育大壮苗,并在移栽前3~5天喷施尿素,抢墒移栽,促进移栽后迅速成苗,同时加强肥水管理,防止蚜虫为害等。

油菜地下部分的生长,主要是胚根逐渐向下延伸形成主根,主根上生出侧根,侧根的出生与第一片真叶出现的时间基本相同。以后侧根增粗延长成为支根。根系的生长情况是产量的基础,而冬前根系的生长情况又是越冬期和春后根系生长好坏的前提,根系发达有利于增强油菜后期的抗倒伏能力。

油菜从现蕾至抽薹,根系生长迅速,至盛花期根系生长已接近最大程度。油菜地下根系生长量的增加,与地上植株营养体的生长量呈一定比例,但苗前期地上部分增长快,苗后期气温降低,地上部分生长缓慢,地下部分相对生长较快。总之,在油菜苗期和越冬阶段,不论冬季温暖或冬季寒冷地区,应加强培育管理,及时松土除草和施用腊肥,以促进根系的良好发育。

根据大量的试验和调查资料,可把油菜冬前不同生长型和春后产量的关系概括如表2-1。

从表2-1中可知,高产栽培技术一般认为有"冬发"、"秋发"、"超秋发"3种类型。各地应根据当地生态环境条件和品种特性选用,特别是超秋发栽培应注意选用中、晚熟品种。

冬发类型:越冬前油菜有绿叶9~10片,叶面积指数1.5~2。每667平方米植株干重150~200千克。油菜苗长相如钵子般大小。

表 2-1 油菜不同生长型与产量级别的关系

生长类型	冬前绿叶（片/株）	叶面积指数	每 667 米^2 植株干重（千克）	春后产量（千克/667 米^2）	产量级别
冬小型	3～4	0.01～0.02	1～2	25	极低产
冬养型	5～6	0.06～0.08	15～20	50	低 产
冬壮型	7～8	0.50～0.70	50～75	100	中 产
冬发型	9～10	1.50～2.00	150～200	150	高 产
秋发型	12～13	2.50～3.00	250～300	200	更高产
超秋发型	15～16	3.50～4.00	400～500	250	超高产

秋发类型：秋末 11 月底开始发棵，叶面积指数 1.5～2。越冬前油菜有绿叶 12～13 片（密度稀时应 13～14 片），叶面积指数 2.5～3，每 667 平方米植株干重 250 千克以上。

超秋发类型：10 月底开盘发棵，并达到秋发油菜 11 月底达到的生长标准，到越冬前植株绿叶数 15～16 片，叶面积指数 3.5～4，每 667 平方米植株干重 400 千克以上。

三、蕾 薹 期

油菜蕾薹期是从现蕾起至初花止。油菜蕾薹期的生育特点，主要表现为生殖生长和营养生长同时进行，但此时期营养生长仍占优势。油菜的营养生长是指油菜种子发芽出苗和根、茎、叶、分枝等营养器官的生长，一般到盛花期结束；油菜的生殖生长是指花芽分化（生长幼蕾）、花蕾发育长大、开花、角果发育到种子成熟等过程。

蕾薹期油菜花蕾不断地分化发育长大，主茎迅速伸长增粗，主茎高度（不含主花序）达到最大值，分枝不断出现，短柄叶、无柄叶和分枝叶都在这个时期出现；叶面积迅速扩大，根系继续扩展，叶片的同化作用和根系的吸收能力显著增强。蕾薹期是油菜春发稳长，达到根强、秆壮、枝多，为最后争取角果多、粒多、粒重奠定丰产基础的关键生育阶段。

从油菜蕾薹期生长发育动态看，叶面积增大具有很大的作用。叶面积大，主茎生长快，当增加追肥用量时，叶面积亦相应增大，这样营养生长较好，就能促进生殖生长。生产上普遍重视蕾薹期追肥，就是以旺盛的营养生长促进旺盛的生殖生长。但如偏施氮肥，营养生长过于旺盛，不能达到促进生殖生长的目的，或过小的营养体没有适当大小的叶面积，也不能达到增产的目的。因此，在合理密植的基础上，蕾薹期加强培育，并适当控制株形，既能经济用肥，又能促进蕾薹发育，从而达到适当的营养生长和较大的生殖生长，是争取油菜平衡增产的有效途径。

不同类型油菜蕾薹期的生长发育对气候的要求不同，同一类型品种之间也有差异。影响油菜蕾薹期生长发育的主要气候因子是温度、光照和水分。

（一）温度 油菜必须经过一定的低温阶段，才能进入蕾薹期，特别是冬性油菜品种，在感温阶段对低温要求严格。同时油菜蕾薹期的长短与活动积温关系密切，当日平均气温达10℃以上时，现蕾抽薹速度加快，低于10℃时则变慢，低于0℃左右或冰霜气候，则薹部受冻，引起花蕾脱落。春季随着气温上升，现蕾抽薹速度加快，现蕾至开花的时间缩短。温度低则相反。

（二）光照 油菜是长日照作物，在适当光照和温度共同作用下，可提前现蕾抽薹。光照对抽薹速度和薹高有较大影响，甘蓝型油菜的抽薹速度和薹高随着光照的延长而增加。

（三）水分 油菜蕾薹期营养生长旺盛，叶面积扩大，株体长高，生理活性加强，生殖器官强烈分化和形成。随着气温的逐渐升高，蒸腾作用加强。因此，现蕾抽薹期的耗水强度较前期显著增加。研究表明，蕾薹期是油菜一生中对水分反应敏感的时期。

四、开花期

油菜开花期是指第一批花朵开放到终花。油菜花期的长短，依品种特性、培育条件和当时的气候条件而定。油菜进入花期，是油菜生理上的一个重大转折。开花期以前以营养生长为主，进入花期后，只有少量的营养生长，开始了以生殖生长为主导的生理活动。

油菜开花的适宜温度为 12℃～20℃，最适温度为 14℃～18℃。一般至少要在 12℃以上，才能满足油菜开花的需求。开花当天温度在 7℃左右时，尚能正常开花结实，但须开花前两天有较高的温度条件，以满足花蕾发育的要求。由于冬油菜区植株开花前期温度低，花期常遇春寒，光合产物供应不足，不适于开花受精，因而会造成花朵脱落和结籽率降低，甚至出现严重的分段结实现象。

油菜开花的时间，一般在白天 6 时至 19 时，而主要集中在上午 7 时至 12 时开花，尤以 9 时至 10 时开放最多。成熟的花粉粒，由昆虫或风力传播，粘附于柱头上，进行授粉。油菜异花授粉的程度，因类型和品种而异。

芥菜类型和甘蓝类型的油菜，一般自然异花授粉较少，为 5%～10%，最多不超过 30%，属于常异交的自花授粉植物。绝大多数白菜类型品种，自然异花授粉很多，一般在 80%以上，属于典型的异花授粉植物。

花粉粒在柱头上约 45 分钟后即发芽，生出花粉管，沿花柱逐渐伸向子房，授粉后 18～24 个小时即可受精。这时营养核移向花粉管前端，促其伸长，生殖核则分裂为 2 个精核。当花粉管进入珠孔达到胚囊后，即放出精核，一个与卵核结合，成为结合子；另一个与 2 个极核结合，成为胚乳原核。这种结合过程称为双受精。

五、角果发育期

油菜角果发育期是指终花到角果成熟。油菜终花后，子房膨大形成角果，花柱不脱落，膨大形成角啄。角果和种子逐渐发育，同时体内营养物质向角果和种子内转运和贮藏，直至完全成熟为止。

油菜进入角果期，则完全进入生殖生长时期。油菜角果的发育，有一定顺序性，一般先开放的花朵，角果先发育，后开放的依次发育。每一个角果的发育，也有一定的顺序，先是沿着纵长方向伸长，再横向膨大。在角果发育的同时，胚珠通过受精过程之后，转向种子发育。在种子发育过程中，必须有足够的营养供给，才能形成正常种子。受精不良或营养不足，胚珠便会萎缩或形成秕籽。一株油菜由于开花先后顺序不同，先开放的花朵，优先得到营养供给，一般秕籽率很少，后期开放的花朵则会形成秕籽。

油菜角果发育到种子成熟过程中，相对较低的温度比高温有利于籽粒灌浆，籽粒成熟时的气温以16.5℃最为适宜。冬油菜区角果发育期气温不断升高，到成熟期日间最高温度常超过油菜光合作用的适宜温度(20℃～25℃)，甚至达到30℃以上，很不适合光合产物的合成与积累；如果连续高温，则容易造成高温逼熟，而籽粒不饱满，千粒重降低。

第三节　油菜栽培区划、栽培制度与引种

一、栽培区划与引种

油菜栽培区划的主要依据，首先应考虑地区的自然条件，如纬度和地势海拔的相对一致性。因为这些因素决定了该地区温度、雨量、光照和土壤4个最重要的作物生长发育条件，以及由此形成

的耕作制度。总体上我国油菜可分为冬油菜区和春油菜区。

我国油菜生产以冬油菜为主，主要分布于长江流域各省，长江流域的云南、贵州、四川、重庆、湖北、湖南、江西、安徽、江苏、浙江、上海、陕西汉中、河南信阳等地种植面积约占全国油菜总面积的85%。一般称之为南方冬油菜。北方冬油菜，主要分布于甘肃省东南部、陕西省秦岭以北、山西省中南部、北京市、河北省长城以南地区，河南省、安徽省、江苏省淮河以北及山东省等地，约占全国油菜总面积的5%。

北方春油菜区包括新疆、青海、西藏、四川西北部，甘肃西南部、北部和河西走廊，宁夏中部和北部、内蒙古、陕西北部、山西北部、辽宁、吉林、黑龙江、河北长城以北等地，约占全国油菜总面积的10%。

二、主要栽培制度与引种

我国冬油菜分布甚广，由于各地的自然条件、气候特点不同，作物种类繁多，决定了冬油菜栽培制度的多样化。油菜栽培制度大体上可归纳为以下4种主要形式：①油菜、水稻两熟制，包括油菜—中稻、油菜—晚稻两种方式；②油菜、双季稻三熟制；③油菜、棉花（玉米等）两熟制；④油菜、水稻、马铃薯（大豆、蔬菜等）三熟制。

在冬油菜区的长江流域主产区，由于不同地区生态条件的差异，相互引种时表现不同：由西向东引种，除少数中晚熟或晚熟品种外，一般生育期较短，苗期长势强、生长发育快，叶色较淡，株型直立或半直立，病害较重，经济性状差；由东向西引种，华东生态型均表现株型匍匐，叶色浓绿，花芽分化迟，经济性状良好，但生育期迟。一般长江上游区油菜熟期比长江中游区早熟3～7天，长江中游区油菜熟期比长江下游区早熟3～7天。

在春油菜区内，青海省育成的白菜型和甘蓝型油菜品种，一般苗期耐寒性较强，可适应西北高寒地区和东北春油菜区。不论是向北或向东春油菜区引种，效果都较好。但向南引种至冬油菜区，在春播条件下发育较好；在秋播条件下，植株显著矮化、花芽分化早，年前现蕾抽薹，出现早花，且病害和冻害严重。在青海东部、南方各省育成的早熟或早中熟品种均能适应春播，加拿大的甘蓝型春油菜品种一般能适应青海、新疆和东北地区的栽培条件，经济性状也较好。

第三章 油菜良种引种原则

广义的引种泛指从外地区和外国引进新植物、新作物、新品种以及为育种和有关理论研究所需要的各种遗传资源材料。从当前生产的需要出发,引种系指从外地区或外国引进作物新品种,通过适应性试验,直接在本地区或本国推广种植。这项工作虽然并不创造新品种,但却是解决生产发展上迫切需要新品种的迅速有效的途径。

一、引种在农业生产中的作用

现在世界上广泛种植的各种作物,都是在历史上不同年代起源于个别地区,以后逐渐传播开来的。在北美洲的美国和加拿大,现在种植的各种作物的大多数都是外来的。例如,美国种植面积最大的作物玉米,最初是从中南美洲引进的。美国近代迅速发展的作物——大豆的原产地是我国。我国是世界多种作物的发源地,但是也有不少作物是先后分别从外国引进的。随着历史的发展,世界各国之间作物品种的相互引用更加频繁,对于发展生产和推动育种工作起了很大的作用。

引种的作用不仅在于所引进的品种可直接用于生产,更重要的是充实育种的物质基础和丰富遗传资源。我国优质油菜育种,就得益于从国外引进大量优质种质资源。因此,从世界各地引进各种具有独特种质的材料,以适应各种育种工作的需要,是许多国家引种工作的重点。应该指出的是,直接用于大田生产的引进良种,在本地的栽培条件下往往会出现许多有利的新变异,成为系统育种的可贵的原始材料。近年来,我国在棉花、小麦等作物上,用系统育种法育成的新品种,多数来自于引进的良种。

二、引种的一般规律

(一)气候相似的原则

从地理上远距离引种,包括不同地区之间和国家之间的引种。为了避免盲目性,增强预见性,应普遍地重视原产地区与引进地区之间的生态环境,特别是气候因素的相似性。所谓气候相似论就是引种工作中被广泛接受的基本理论之一。这个理论的基本要点是:地区之间,在影响作物生产的重要气候因素上,应注意相似到足以保证作物品种互相引用成功的可能性。

(二)纬度、海拔与引种的关系

根据气候相似论和作物生态地理学的观点,纬度相近的东西地区之间比经度相近的纬度不同的南北地区之间的引种有较大的成功可能性。这是因为温度和日照主要是随着纬度的高低而变化的;水分的变化与纬度的高低也有一定程度的相关,但不完全取决于纬度。地处北半球的我国,在高纬度的北方,冬季温度低,夏季日照长;在低纬度的南方则相反,冬季温度高,夏季日照短。

引种工作还必须考虑海拔的高低。据测试,海拔每升高 100 米,相当于纬度增加 1 度,这当然主要从温度上考虑,水分和光照因素并不一定是这样。因此,同纬度的高海拔地区和平原地区之间的相互引种不易成功,而纬度偏低的高海拔地区与纬度偏高的平原地区的相互引种的成功可能性较大。

(三)油菜区引种互相适应的原则

我国油菜分冬油菜区和春油菜区,一般来说,冬油菜区内可以相互引种，春油菜区内也可以相互引种，但冬油菜区要注意成熟期和抗寒性等问题。例如，从长江上游引种到长江下游应引种较迟熟的品种，从长江下游引种到长江上游应引种较早熟的品种，从长江流域引种到黄淮地区应注意抗寒性等。

第四章　油菜优良品种

一、长江流域冬油菜良种

(一)常规优质油菜

1. 中双6号

品种来源　系中国农业科学院油料作物研究所通过轮回选择和连续单株定向选择育成的双低优质油菜新品种。2000年8月通过湖北省农作物品种审定委员会审定。

特征特性　中双6号属甘蓝型半冬性中早熟品种，冬、春双发。单株角果数多，种子千粒重4.16克左右。抗菌核病和病毒病，苗期抗冻，开花期耐低温。原种芥酸含量0.04%，硫苷含量14.9微克分子/克，含油量42.29%。

产量表现　1998~2000年参加了湖北省双低油菜区域试验，平均每667平方米产174.25千克，比对照品种增产6.75%，高产田每667平方米产量可达255千克。

栽培要点　适时播种。由于该品种开花期早，播种期可比一般品种推迟。长江中游地区育苗移栽播种期为9月20~25日，直播或与晚稻套播可在10月5~22日进行，其他地区根据本地生态条件进行。苗龄以25~28天为宜。重施底肥，底肥的施肥量应占总施肥量70%以上，氮、磷、钾、硼配方施肥。每667平方米产200千克以上的，施纯氮(N)15千克，磷(P_2O_5)10千克，钾肥13千克，硼肥1千克做底肥。加强苗期蚜虫和开花期菌核病的防治。

适种地区 适合于长江上、中、下游及黄淮地区南部两熟制和三熟制种植。

2. 中双7号

品种来源 系中国农业科学院油料作物研究所经复合杂交育成的具有高产、优质(双低)、早熟、多抗性能的油菜新品种。1998年通过安徽省农作物品种审定委员会审定,2000年通过湖北省农作物品种审定委员会审定。

特征特性 中双7号属甘蓝型半冬性早中熟油菜品种。原种芥酸含量0.25%,硫苷含量19.2微克分子/克,均达优质油菜标准;含油量43.2%,榨油后饼粕蛋白质含量高(40.2%),是理想的优质畜禽饲料。该品种抗菌核病的能力与中油821相当,苗期抗冻性明显强于中油821,开花期耐低温,无分段结实现象。茎秆粗壮,耐肥,抗倒伏。生育期适宜,综合性状好。苗期生长稳健,根系发达,叶色深绿,越冬期半匍匐。株型紧凑,主轴着果密度大,单株角果数多,单角果含种子粒数较多。种子千粒重3.8克左右。外观商品性好。

产量表现 区域试验结果,平均每667平方米产量146.9千克,比对照品种中油821增产5.5%,高产田可达268千克。

栽培要点 适时早播,合理密植。长江上中游地区育苗移栽,播种期应在9月10~15日,直播应在9月下旬进行。长江下游及黄淮海地区可根据本地区的情况因地制宜。每667平方米种植密度应在0.8万~1.2万株。施足基肥,配方施肥。每667平方米产200千克以上的应施氮(N)15~17千克,磷(P_2O_5)10千克,钾肥15千克,硼肥1千克,其中基肥应占总施肥量的50%以上。早栽早管促早发。苗床种植密度不宜过大,苗龄以30~35天为宜。移栽后结合抗旱每667平方米及时施尿素6~8千克提苗。发现蚜虫应及时喷药防治。早施蕾薹肥。春后不宜追肥,开花期及时防治菌核病,中后期注意清沟排渍,严防渍害。

适种地区 适宜于长江流域两熟和三熟制地区栽培。

3. 中双8号

品种来源 系中国农业科学院油料作物研究所利用中双2号、中双4号为亲本,经复合杂交和小孢子培养选育的优质、高含油量、高产新品种。2002年4月通过全国农作物品种审定委员会审定。

特征特性 幼苗半匍匐,叶色深绿,大顶叶,株高中等,秆硬抗倒。单株有效角果数429.1个,每角种子粒数21.8粒,千粒重3.62克。在长江下游地区一般在5月20日左右成熟,属早、中熟甘蓝型油菜品系。经全国农技推广中心抽检、农业部油料及制品监督检验测试中心检测,饼粕中硫苷含量24.06微克分子/克,油中芥酸含量为0.24%,饼粕粗蛋白质含量32.83%,含油量43.05%。其综合品质性状为长江下游地区同轮区试品种最优。

产量表现 1998~1999年度参加全国(长江下游片)区域试验,9个点平均每667平方米产量165.83千克。1999~2000年度继续参加全国区域试验,8个试验点平均每667平方米产量194.2千克,较对照中油821增产7.3%,增产达极显著水平。

1999~2003年,先后在湖北省不同地点进行引种试验,表现出明显的增产优势。2000~2001年湖北省10个点试种结果,平均较对照中油821增产13.66%。

栽培要点 长江中、下游地区育苗移栽适宜播种期为9月中下旬,10月中下旬移栽;直播于9月中下旬到10月初播种。在中等肥力水平下,育苗移栽合理密度为每667平方米0.9万株左右;肥力水平较高时,密度为0.8万~0.9万株;直播可适当密植。重施底肥,每667平方米施复合肥50千克左右;追施苗肥,于5~8片真叶时追施尿素或复合肥15千克左右;必施硼肥,施硼砂1.5

千克做底肥，薹期喷施硼肥，浓度为0.2%。在菌核病高发区注意防治该病，可于初花期后1周左右叶片喷施菌核净，用量为每667平方米100克菌核净对水50升。

适种地区 湖北、湖南、安徽、河南、陕西、江苏、浙江、上海等省、市。

4. 中双9号

品种来源 系中国农业科学院油料作物研究所利用中双4号、中油821等优质、抗病材料为亲本，经复合杂交和小孢子培养选育成功的双低、高产、高抗、高含油量、高蛋白质新品种。2002年7月通过湖北省农作物品种审定委员会审定。

特征特性 幼苗半匍匐。叶色深绿，大顶叶，生长整齐。株高中等，分枝部分中等，秆硬抗倒。单株有效角果数313.3个，每角含种子18.5粒，千粒重3.51克。全生育期207天左右，属早、中熟甘蓝型油菜品系。

产量表现 2000～2001年参加湖北省（B组）区域试验，平均每667平方米产173.92千克，比对照中油821增产13.66%，达极显著水平，居常规品种第一位。

栽培要点 适时早播，长江中、下游地区育苗移栽适宜播种期为9月中下旬，10月中下旬移栽；直播于9月中下旬到10月初播种。合理密植，在中等肥力水平下，育苗移栽合理密度为每667平方米0.9万株左右；肥力水平较高时，密度为0.8万株；直播可适当密植。科学施肥，重施底肥，每667平方米施复合肥50千克左右；追施苗肥，于5～8片真叶时每667平方米追施尿素或复合肥15千克左右；必施硼肥，每667平方米施硼砂1.5千克做底肥，于薹期喷施（浓度为0.2%）。在菌核病高发区注意防治该病，于初花期后1周左右叶片喷施菌核净，用量为每667平方米100克菌核净对水50升。

适种地区 湖北、湖南、安徽、河南、陕西、江苏、浙江、上海等省、市。

5. 中双10号

品种来源 系中国农业科学院油料作物研究所用双低核不育材料9126做母本，用中油119、中油220与9248、9246、9245等品种开放授粉组配基础群体，通过群体改良，轮回选择三代后进行单株连续定向选择育成的油菜品种。2003年通过湖北省农作物品种审定委员会审定。

特征特性 该品种属半冬性甘蓝型油菜。苗期叶色深绿，侧裂叶2~3对。花期早而长，暖冬有早薹早花现象。主花序长，结荚密。区域试验中，单株有效角果数350.6个，每角果含种子16.5粒，千粒重3.51克。全生育期216天，比中油821长1天。菌核病发病率15.89%，病情指数8.51；病毒病发病率5.79%，病情指数2.79。对菌核病的抗病能力比中油821强，对病毒病的抗病能力与中油821相当。

产量表现 2000~2002年度参加湖北省油菜品种区域试验，平均每667平方米产158.42千克，比对照中油821增产6.2%。

栽培要点 适时播种，忌早播。育苗移栽应在9月10~20日播种，直播9月底至10月初播种。控制苗龄，及时移栽。苗龄控制在30天以内，以防止形成高脚苗。移栽每667平方米0.8万~1万株，直播1.5万~2万株。重施底肥，增施硼肥，早施薹肥。底肥应占总施肥量的70%以上，每667平方米施硼肥不少于1千克，12月底之前施用薹肥。注意苗期蚜虫和花期菌核病的防治。

适种地区 适于湖北省二熟和三熟制地区种植。

6. 华双3号

品种来源 系华中农业大学利用小孢子培育成的常规双低油

菜品种。1998年2月通过湖北省农作物品种审定委员会审定。

特征特性 华双3号属甘蓝型半冬性油菜,幼苗半直立,顶叶椭圆形,裂片较多。株高160~170厘米,在中等肥力水平、每667平方米种植密度1万~1.2万株的条件下,单株有效分枝数9~11个,单株有效角果数395个以上,种子千粒重3.56克左右。原种芥酸含量小于1%,硫苷含量小于25微克分子/克,含油量37.07%~41.58%。生育期比中油821迟0.4天。抗菌核病能力强。

产量表现 该品种1996~1998年参加湖北省两年区试试验,比中油821增产1.51%。

栽培要点 适时早播早栽促早发,长江中游地区9月10日左右播种育苗,10月下旬移栽完毕。每667平方米种植密度0.8万~1万株。直播栽培于9月下旬播种,做到大壮苗越冬。氮、磷、钾配方施肥,必施硼肥,做到重施底肥,早施追苗肥,早施(12月底至翌年1月初)稳薹肥。抓好苗期蚜虫、菜青虫和开花期菌核病的防治工作。

适种地区 适于长江流域两熟和三熟制地区栽培。

7. 皖油11号

品种来源 系安徽省农业科学院作物研究所从加拿大白菜型双低油菜品种和我国白菜型油菜品种武油1号杂交后代中选育而成的白菜型油菜新品种。1996年通过安徽省农作物品种审定委员会审定。

特征特性 皖油11号属冬性中熟品种,全生育期为170~205天,株高120厘米左右,单株结角果数为150~310个,每角果含种子21粒左右,种子千粒重2.75~3.3克。冬、春季抗寒性强。芥酸含量为1.04%~1.28%,硫苷含量为27.56~30.46微克分子/克,含油量为41.4%~42.28%。经安徽省农业科学院植物保护研究所田间自然鉴定:病毒病发病率为 9.6%,病情指数 4.8,较对照品种武油 1 号发病率 82.5%、病情指数 63.9 分别低 72.9% 和 59.1%;菌核病发病率 6.2%,病情指数 12.5,分别较对照品种低 10.4%和 9.4;霜霉病发病率 5.3%,病情指数 4,较对照品种发病率 8.5%、病情指数 7.4 分别低 3.2%和 3.4。

产量表现 在 1992～1994 两年白菜型油菜区域试验中,18 个点次平均每 667 平方米产 103 千克,较对照品种武油 1 号增产 4.8%。

栽培要点 皖油 11 号播种期幅度宽,在高产角果茬口允许情况下,争取适时早播,淮北于 10 月中下旬播种。皖油 11 号株型紧凑,抗倒伏,单位面积内种植密度可适当增加,上等肥力田块 1 平方米不少于 45 株。淮北地区可作中、晚茬栽培,一般每 667 平方米产 175 千克左右,栽培管理得当每 667 平方米产量 200 千克以上。在淮北地区 10 月 20～30 日、淮南地区 10 月 20 日至 11 月上旬播种。在适宜播种期内,基本苗以控制在每 667 平方米 2 万株左右为宜。施足基肥,基肥施用量应不少于总施肥量的 70%。增施有机肥,并与氮、磷、钾合理配合。越冬和早春看苗施追肥。

适种地区 适于安徽省中上等肥力水平田块种植。

8. 川油 17

品种来源 系四川省农业科学院作物研究所选育的特早熟甘蓝型优质油菜新品种。1998 年 11 月通过四川省农作物品种审定委员会审定。

特征特性 该品种全生育期 180～200 天。植株整齐一致,苗直立,叶片小,株体较小。前期生长缓慢,春发性强,薹期长势旺。茎叶绿色,叶片呈半花叶形。缩茎叶的顶叶短,呈半椭圆形。株高 150 厘米左右,一次有效分枝 5～7 个。单株有效角果 320～350 个,短扁果形,果身长 4 厘米左右。每角果含种子 14～16 粒,种子圆形，黑色，千粒重 3.8～4 克。抗倒伏，耐寒力强。低抗菌核病，易染霜霉病。

产量表现 在四川西部、北部和南部试验，比当地白菜型油菜良种平均增产 35.22%。在乐山、眉山等地区试验，一般每 667 平方米产量为 125 千克左右。在海拔 850～1 200 米的山区试种 3.5 公顷，平均每 667 平方米产 113.8 千克，比中油 821 增产 27%，比万油 17 增产 34%。

栽培要点 四川西部、北部地区育苗移栽，于 9 月 28 日至 10 月 5 日播种；直播，在 10 月 15～25 日播种。在水肥条件较好的地区，种植密度为每 667 平方米 1 万～1.1 万株；在水肥条件较差的地区，每 667 平方米 1.2 万～1.4 万株，以宽、窄行种植方式为宜。加强田间管理，苗床与大田面积之比为 1∶5。在底肥中加 0.5 千克硼砂，早施追肥。早栽早管，及时中耕除草，开沟排渍，浇灌防旱，防治病虫害，在苗期、薹期注意防治霜霉病，在薹花期防治菌核病。

适种地区 适宜四川省白菜型油菜生产区域或多熟制地区及山区台地净作、间作和套种。

9. 川油 18

品种来源 系四川省农业科学院作物研究所育成的甘蓝型优质高产中熟油菜新品种。

特征特性 品质优，产量高，成熟期适中，抗逆性和适应性较强。原种芥酸含量 0.078%～0.58%，油酸 60.49%～62.73%，亚油酸 22.19%～22.26%，饼粕中含硫苷 2.51～15.06 微克分子/克，含油量 35.9%。成熟期属中熟偏早，比中油 821 早熟 2～3 天，适应多种耕作制栽培需要。在自然条件下，抗倒伏力和耐寒力与对照品种中油 821 相当，耐菌核病和耐病毒病能力稍弱于对照品种。

产量表现 1997 年参加四川省不同生态区生产试验，6 个试点中 5 个点增产，平均每 667 平方米产量 119.7 千克，比对照品种增产8.3%,达极显著水平。

栽培要点 四川盆地9月15～25日育苗,10月15～25日移栽。在中等肥力条件下,大田移栽密度为每667平方米0.7万株,直播留苗为每667平方米0.9万株。施肥以有机肥为主,配合施无机肥。病虫防治采用综合农业措施防治菌核病,同时在苗期、初花期选用多菌灵、菌核净、速克灵等杀菌剂进行田间喷雾。

适种地区 适宜四川省多种耕作制度栽培。

10. 川油20

品种来源 系四川省农科院作物研究所用从中国农科院油料作物研究所引进品系中油220中发现的变异单株,经过连续4年系统选育而成。2000年通过四川省农作物品种审定委员会审定。

特征特性 属甘蓝型半冬性中熟品种,全生育期219天,比中油821短两天。幼苗生长半直立,叶色浓绿,叶片较厚,密被蜡粉。形态整齐,生育期一致。植株较高大,一般在210厘米左右。株型紧凑,匀生分枝,一次枝9个左右。根系发达,秆硬抗倒。综合抗逆能力较强,成熟期平均病毒病发病率和病情指数分别为5%和2.92,菌核病发病率和病情指数分别为8.11%和4.09。低抗病毒病、低感菌核病。抗倒力与中油821相近,耐寒力稍强于中油821。

产量表现 1999年参加四川省4个不同生态区的生产试验,表现一致增产,平均比对照中油821增产14.1%。在大面积示范种植中,平均每667平方米产量133.5千克,比同田或相邻田块种植的中油821增产9.86%。

适种地区 对中低产环境有特殊适应性。适于四川省大部分平原、丘陵地区种植。

11. 浙油758

品种来源 系浙江省农业科学院用低硫苷、高产量S7为母本，双低品系 84004 为父本配制的杂交组合。1998 年 5 月通过浙江省农作物品种审定委员会审定。

特征特性 属甘蓝型半冬性类型。株高叶大，分枝位高，薹茎粗壮，主花序长，茎叶绿色，种子黑色。平均株高 174.2 厘米，平均一次有效分枝数 8.4 个，单株角果数 384.7 个，每角果含种子 20.2 粒。种子千粒重 3.77 克左右，芥酸含量 0.37%，硫苷含量 68.7 微克分子/克，含油量 37.4%，油酸含量 68.07%，亚油酸含量 16.14%。全生育期 228～230 天，比中油 821 长 1.5 天。

栽培要点 适时早播。该品种营养生长期长，浙江中部、北部宜于 9 月下旬播种，秧龄 35～40 天。重施基肥，增施磷、硼肥。防治病虫害，加强田间管理。

适种地区 适宜浙江省栽培。

12. 湘油 13 号

品种来源 系湖南农业大学以湘油 11 号为母本，湘油 10 号为父本杂交育成的双低油菜品种。1994 年通过湖南省农作物品种审定委员会审定。

特征特性 属半冬性中熟偏早的甘蓝型油菜品种，冬前长势强，成熟早。全生育期 217 天，与对照品种中油 821 相同。在每 667 平方米 1 万株的种植密度下，株高 165 厘米左右，一次有效分枝 8 个左右，单株有效角果 300 个左右，角果较粗，每角果含种子约 20 粒。种子千粒重 4 克以上，含油量达 40%，芥酸 1.35%，硫苷 26.1 微克分子/克。抗病毒病和菌核病，耐早期低温阴雨，结荚性能较好，抗倒伏能力强。

产量表现 该品种 1992～1993 年参加区域试验，平均每 667 平方米产量 121.4 千克，比对照品种湘油 11 号增产 12.88%，比对照品种中油 821 增产 2.8%。

栽培要点 湖南省北部 9 月上中旬播种，中部 9 月中下旬播种,南部9月下旬播种。苗龄30~35天,种植密度每667平方米1万株左右。肥料以基肥为主,注意施用硼肥。

适种地区 适宜湖南、江西省等长江中游地区栽培。

(二)优质杂交油菜

1. 中油杂2号

品种来源 系中国农业科学院油料作物研究所利用秦油2号不育胞质陕2A培育的双低三系杂交油菜新品种。2000年8月通过湖北省农作物品种审定委员会审定。2001年5月通过全国农作物品种审定委员会审定。

特征特性 属甘蓝型半冬性中熟品种。株高175厘米左右,分枝部位40厘米左右,单株有效角果380个左右,每角果含种子18粒左右,籽粒较大,千粒重3.6克左右。

经农业部油料及制品质量监督检验测试中心和华中农业大学测试中心分样检测,中油杂2号芥酸含量0.9%,硫苷含量20.7微克分子/克。含油量41.45%,比对照品种中油821高1.85个百分点,是目前杂交油菜品质最优的新品种。

产量表现 在1998~1999年全国油菜区域试验中,平均比对照品种中油821增产13.45%,10个试验点均表现比对照品种增产,居参试品系首位。1999~2000年平均比对照品种增产14.36%,10个试验点均比对照品种增产,亦居首位。增产幅度大,表现出极强的丰产性、稳产性和广泛的适应性。

栽培要点 适时早播,长江中游地区育苗应在9月中旬播种,苗床与大田比例为1:4,培育大壮苗,严格控制苗龄在30~35天,10月中旬移栽;直播9月下旬播种。合理密植,在中等肥力水平条件下,育苗移栽的合理密度为每667平方米1万株左右;肥力较高时,每667平方米0.9万~1万株;直播可适当密植(1.1万~1.2

万株)。科学施肥,重施底肥,每667平方米施复合肥50千克左右,硼肥1千克左右。移栽成活后,适时追施提苗肥,根据苗势每667平方米施尿素15千克左右。1月底根据苗势每667平方米施尿素10千克,注意必施硼肥。如果底肥没有施硼,应在薹期喷施硼肥(浓度为0.2%)。油菜初花期1周内喷施灰核宁,每667平方米用量100克灰核宁对水50升喷施。

适种地区 适宜在长江流域及黄淮南部两熟和三熟地区种植。

2. 中油杂4号

品种来源 系中国农业科学院油料作物研究所用Polima雄性不育细胞质、多个具不同遗传特点的保持材料聚合杂交,用多个不同特异性状的恢复材料聚合杂交并结合小孢子培养和染色体加倍等现代生物技术手段育成的新不育系96A和新恢复系93275配制的优质杂交油菜新组合。

特征特性 属早、中熟甘蓝型油菜新组合品种。幼苗直立,叶色深绿,顶叶较小,生长势强,整齐度和一致性好,植株中等偏高。株型紧凑,适合密植。茎秆坚硬,抗倒能力强。分枝数多,单株角果数达386个,每角果含种子17.1粒,千粒重3.35克,全生育期214天,比对照中油821早熟1天。

产量表现 2000~2001年度参加湖北省区域试验,平均每667平方米产量189.44千克,居第二位,比对照增产15.23%,增产达极显著水平。经湖北省种子管理站抽样,农业部油料及制品质量监督检验测试中心检测,芥酸含量0.38%,饼粕硫苷含量24.95微克分子/克,饼粕粗蛋白含量29.62%,含油量41.04%。

栽培要点 适时早播,育苗移栽适宜播种期在9月15~20日,直播于9月20~25日为宜。育苗、直播田都要及时间苗、定苗,留大去小,留强去弱;栽大苗不栽小苗,栽壮苗不栽弱苗。直播田块一般每667平方米可留1.5万株左右。移栽田块一般每667平方米保证在1万株左右。每667平方米施复合肥50千克左右、尿素10千克、硼砂1.5千克做底肥；针对油菜各阶段苗势长相追施尿素，一般每667平方米施苗肥、薹肥各8千克，在抽薹期喷施0.2%硼砂溶液50升，预防油菜花而不实。用氯氰菊酯加40%乐果2000倍液防治蚜虫和菜青虫，初花后1周内每667平方米用40%菌核净200克对水50升喷洒，防治菌核病。

适种地区 适宜湖北、湖南、江西等省种植。

3. 中油杂6号

品种来源 系中国农业科学院油料作物研究所利用最新选育的波里马系统优异雄性不育系96A与高抗病、抗倒、优质恢复系R2配制的杂交油菜组合。2003年通过全国农作物品种审定委员会审定。

特征特性 中油杂6号为半冬性甘蓝型油菜杂交组合。苗期叶片上冲，株型紧凑，株高1.7米左右。熟期与中油821相当。一次有效分枝10个左右，单株有效角果数332个左右，每角果含种子20粒左右，千粒重3.5克左右。

产量表现 中油杂6号于2000~2001年度参加全国(长江中游)区试，10点平均每667平方米产量153.66千克，比对照中油821增产5.49%，达极显著水平；产量居同轮区试符合双低标准的品种首位。该品种经农业部油料及制品质量监督检验测试中心抽检，两年区试硫苷含量分别为21.55微克分子/克和22.49微摩尔/克，芥酸含量为0.21%。

栽培要点 长江中下游地区育苗移栽适宜播种期为9月中下旬，10月中下旬移栽；直播于9月中下旬至10月初播种。在中等肥力水平下，育苗移栽合理密度为每667平方米0.9万株左右；肥力水平较高时，密度为0.8万株；直播可适当密植。重施底肥，每

667 平方米施复合肥 50 千克左右;追施苗肥,于 5~8 片真叶时每 667 平方米追施尿素或复合肥 15 千克左右;于蕾薹期每 667 平方米喷施 0.2%硼肥溶液,每 667 平方米施硼砂 1 千克做底肥。菌核病高发区要注意防治菌核病,可于初花期后 1 周左右喷施菌核净,每 667 平方米用 100 克菌核净对水 50 升做叶片喷施。

适种地区 适宜湖北、湖南、江西等省种植。

4. 中油杂 7 号

品种来源 系中国农业科学院油料作物研究所选育的双低杂交种。2003 年 8 月通过湖北省农作物品种审定委员会审定。

特征特性 单株角果数多,平均单株角果 358.64 个,每角果含种子 17.65 粒左右,千粒重 3.2 克左右。一次有效分枝数 9 个左右,株高 168 厘米左右。苗期半匍匐,叶色较深。

产量表现 该品种 2001~2002 年参加湖北省区试,10 点平均每 667 平方米产 163.82 千克,比对照中油 821 增产 22.32%,达极显著水平。

栽培要点 湖北省移栽区以 9 月上中旬育苗,10 月中下旬移栽为宜;直播地区以 9 月中下旬播种为宜。一次性施足底肥是夺取丰产稳产的一项高产技术措施。每 667 平方米产 150 千克以上的施复合肥 40 千克,过磷酸钙 50 千克,钾肥 10 千克,硼砂1~1.15 千克,整地时一次性施入。苗薹期适当看苗追肥,同时必施硼肥,蕾薹期喷施 0.2%硼砂溶液,每 667 平方米施硼砂1~1.5 千克,防止油菜因缺硼而造成花而不实。在中等肥力水平下,育苗移栽密度为每 667 平方米 1 万~1.2 万株,肥力水平较高田块 0.9 万~1 万株,直播密度 1.4 万株。在油菜生长期间应及时防治蚜虫。高产田注意防治菌核病。在油菜开花期,每 667 平方米用 40%可湿性菌核净 100 克对水 50 升,做叶片喷施。

适宜地区 适宜湖北、湖南、江西等省种植。

5. 中油杂8号

品种来源 系中国农业科学院油料作物研究所用不育系8908A与恢复系R1配组而成的三系杂交油菜品种。2003年通过湖北省农作物品种审定委员会审定。2004年通过国家农作物品种审定委员会审定。

特征特性 属半冬性甘蓝型油菜。幼苗直立，叶色淡绿，顶叶较大，侧裂叶4对以上，叶片边缘为波状。黄花，花瓣长度中等，较宽，呈侧叠状。主花序较长，单株有效角果数350个左右，每角果含种子20粒左右，千粒重3.9克。全生育期214.1天，比中油821早熟1天。抗菌核病、病毒病能力与中油821相当。

产量表现 2000～2002年度参加湖北省油菜品种区域试验，种子两年平均含油量42.77%，2001年含油量45.31%，居参试品系首位，是湖北省油菜区试有史以来第一个含油量达45%以上的油菜新品种，其含油量达国际领先水平。

栽培要点 适时播种，育苗移栽9月中旬播种，苗龄30天；直播，9月下旬播种。合理密植，移栽每667平方米0.8万～1万株，直播1.2万～1.5万株。重施底肥，每667平方米施复合肥50千克，过磷酸钙50千克，钾肥10千克，硼砂1千克，底肥应占总施肥量的70%以上。早施蕾薹肥，一般应在年前施用。注意防治菌核病，初花期1周内施灰核宁或菌核净，每667平方米用100克灰核宁对水50升喷施。

适种地区 适宜湖北省及长江中游其他地区种植。

6. 中油杂9号

品种来源 系中国农业科学院油料作物研究所选育的半冬性杂交油菜。

特征特性 越冬习性为半直立。全生育期223天左右。叶片裂片为缺刻型,叶缘波状型。株高172厘米左右,一次有效分枝数9个左右,单株角果数350个左右,每角果籽粒19粒左右,角果长度4.5厘米左右,千粒重3.6克左右。花瓣淡黄色,种皮为深褐色。角果着生角度为斜生型。分枝数较多,分枝部位较低,在40厘米左右。株型较紧凑,经济系数高。不育株率低于5%。

产量表现 2002~2003年度参加全国(长江中游A组)生产试验,6个试点中平均每667平方米产140.36千克,比对照中油821增产0.93%。2002~2003年度参加全国(长江下游C组)区域试验,8个点平均单产133.91千克,比对照中油821增产14.33%,达极显著水平。

栽培要点 适时早播,长江中游地区移栽于9月上中旬育苗,10月中下旬移栽为宜;直播地区以9月中下旬播种为宜。及时间苗、定苗,保证冬发壮苗。施足底肥,每667平方米产150千克以上的需施复合肥40千克,过磷酸钙50千克,钾肥10千克,硼砂1~1.15千克,整地时一次性施入。苗薹期适当看苗追肥,同时必施硼肥,于薹期喷施(浓度为0.2%),每667平方米底施硼砂1~1.5千克,防止油菜因缺硼而造成花而不实。在中等肥力水平下,育苗移栽密度为1万~1.2万株/667平方米,肥力水平较高的田块0.9万~1万株/667平方米,直播密度1.3万株/667平方米左右。在油菜生长期间应及时防治蚜虫。高产田要注意防治菌核病。在油菜开花期,每667平方米用40%可湿性菌核净100克对水50千克做叶片喷施。

适种地区 适宜湖北省及长江中游地区种植。

7. 中油杂11

品种来源 系中国农业科学院油料作物研究所利用陕2A不育系培育的双低高产杂交油菜新品种。2004年通过湖北省农作物品种审定委员会审定。

特征特性 中油杂11属甘蓝型半冬性中早熟杂交油菜。子叶长,宽度中等。苗期半直立,叶色深暗绿,顶裂叶片中等大,叶片长度中等,较宽,侧裂叶4对以上,叶片边缘有小齿、波状。花期适中。花瓣黄色,长度中等,较宽,呈侧叠状。株高175厘米左右,分枝部位40~50厘米,分枝9~13个。单株有效角果数340个左右,每角果籽粒20粒左右,千粒重3.6克左右。种子芥酸含量0.35%,饼粕硫苷含量20.52微克分子/克。

产量表现 2002~2004年参加湖北省区试,2002~2003年平均每667平方米产量175.7千克,比对照中双6号增产11.81%,增产极显著。2003~2004年平均每667平方米产量204.6千克,比对照中双6号增产10.93%。2003~2004年分别参加全国冬油菜长江上、中、下游区试,在长江上游区平均每667平方米产量167.84千克,比对照油研7号增产20.35%,居试验第一位;在长江中游区,平均每667平方米产量197.6千克,比对照中油821增产25.71%,居试验首位;在长江下游区,平均每667平方米产量189.36千克,比对照皖油14增产11.97%,居试验首位。

栽培要点 适时早播,长江流域育苗应在9月中旬播种,苗床与大田比例为1:4。培育大壮苗,严格控制苗龄(30~35天),10月中旬移栽;直播,9月下旬播种。合理密植,在中等肥力水平条件下,育苗移栽的合理密度为每667平方米0.9万株左右;肥力较高时,每667平方米0.8万~0.9万株;直播,可适当密植(1.2万~1.5万株)。科学施肥,重施底肥,每667平方米施复合肥70千克左右,硼砂1.5千克左右。底肥氮肥应占总施肥量的70%。并注意氮、磷、钾配比施肥。移栽成活后,适时追施提苗肥,每667平方米施尿素15千克左右。腊肥春用,在1月底根据苗势每667平方米施尿素10千克,注意必施硼肥。如果底肥没有施硼,应在薹期喷施硼肥(浓度为0.2%)。注意防治病害,油菜初花期1周内喷施灰核宁,每667平方米用100克灰核宁对水50升喷施。

适种地区 适宜长江流域种植。

8. 华杂3号

品种来源 系华中农业大学油菜遗传育种研究室育成的双低甘蓝型油菜雄性不育三系杂交种。

特征特性 株高160~170厘米。一次有效分枝数7~8个,分枝部位10.4厘米。单株有效角果400个左右,平均每角果含种子17.4粒,种子千粒重3.55克左右,芥酸含量1.59%,含硫苷31.07微克分子/克,含油量40%以上。生育期比中油821早熟两天左右,比华杂2号早熟3~4天。恢复率在95%以上。

产量表现 华杂3号1991~1992年参加湖北省预备区域试验,平均每667平方米产162.88千克,比中油821增产11.55%,居参试品种首位。1992~1994年参加湖北省正式区域试验,平均每667平方米产160千克,比中油821和同一区域试验中产量最高的双低品系(950)分别增产7.02%和15%,均达极显著水平。

栽培要点 华杂3号属半冬性甘蓝型油菜,耐病能力中等,抗寒性较强。武汉地区宜于9月10~15日育苗,苗龄不宜超过40天。注意增施硼肥。加强清沟排渍和防虫治病。

适种地区 适宜长江流域和黄淮地区南部两熟制和三熟制地区栽培。

9. 华杂4号

品种来源 系华中农业大学选育成的甘蓝型雄性不育三系双低杂交油菜品种。1998年2月通过湖北省农作物品种审定委员会审定。

特征特性 属甘蓝型半冬性油菜品种。幼苗生长习性为半匍匐,叶缺刻较深。株高180厘米左右,分枝部位低,分枝多,单株有效分枝8个。平均有效角果403个,每角果含种子16.5粒,种子千粒重3.43克左右，芥酸含量0.38%～1.54%，硫苷含量22.45～29.51微克分子/克，油分含量41.24%。耐菌核病和病毒病，抗倒伏性中等。生育期与中油821相当。

产量表现 该品种1996～1998年参加湖北省两年区域试验，平均每667平方米产177.4千克，比中油821增产10.18%。

栽培要点 适期播种，两熟、三熟制地区分别于9月上旬和下旬播种育苗，10月中下旬移栽。合理密植，早播、肥力上等田块每667平方米种植0.8万株左右，迟播、肥力中等田块每667平方米种植1万株左右。科学施肥，做到施足底肥，必施硼肥，早追苗肥。注意防治病虫害，抓好苗期蚜虫、菜青虫和开花期菌核病的防治工作。

适种地区 适宜长江流域两熟和三熟制地区种植。

10. 华油杂8号

品种来源 系华中农业大学用不育系8086A与恢复系轮-31配组而成的三系杂交油菜品种。2003年通过湖北省农作物品种审定委员会审定。

特征特性 属半冬性甘蓝型油菜。株型较紧凑，子叶肾形，苗期叶为圆叶型，叶淡绿色，顶叶较大，有裂叶2～3对。茎淡绿色。黄花，花瓣相互重叠。区域试验中单株有效角果数329.1个，每角果含种子16.4粒，千粒重3.68克。全生育期216.1天，比中双6号长0.8天。菌核病发病率21.07%，病情指数12.71；病毒病发病率2.79%，病情指数1.94。对菌核病和病毒病的抗病能力与中双6号相当。

产量表现 2001～2003年度参加湖北省油菜品种区域试验，两年区域试验平均每667平方米产159.56千克，比对照中双6号增产10.45%，增产极显著。

栽培要点 适时播种。育苗移栽9月10～15日播种，直播9

月25日至10月5日播种。不宜早播,以防早花。栽培密度,移栽每667平方米0.6万~0.8万株,直播为1万~1.2万株。重施底肥,增施硼肥。用总施肥量的80%做底肥,20%做追肥。每667平方米施硼肥1千克做底肥。注意防治病虫害。重点防治蚜虫、菜青虫和菌核病。

适种地区 适于湖北省二熟和三熟地区种植。

11. 华油杂9号

品种来源 系华中农业大学用不育系986A与恢复系7-5配组而成的三系杂交油菜品种。2003年通过湖北省农作物品种审定委员会审定。

特征特性 属半冬性甘蓝型油菜。株型较紧凑,子叶肾形,苗期叶为圆叶型,叶淡绿色,顶叶中等大,有裂叶2~3对。茎深绿色。黄花,花瓣相互重叠。在区域试验中,单株有效角果347.3个,每角果有种子19.7粒,千粒重3.11克。全生育期215.6天,比中双6号长0.3天。菌核病发病率21.71%,病情指数13.3;病毒病发病率3.14%,病情指数2.50。对菌核病和病毒病的抗病能力与中双6号相当。

产量表现 2001~2003年度参加湖北省油菜品种区域试验,两年区域试验平均每667平方米产168.57千克,比对照中双6号增产16.68%。

栽培要点 适时播种。育苗移栽9月10~20日播种,直播9月25日至10月5日播种。不宜早播,以防早花。栽培密度,移栽每667平方米0.6万~0.8万株,直播1万~1.2万株。重施底肥,增施硼肥。总施肥量的80%做底肥,20%做追肥。每667平方米施硼肥1千克做底肥。注意防治病虫害,重点防治蚜虫、菜青虫和菌核病。

适种地区 适于湖北省二熟和三熟地区种植。

12. 油研7号

品种来源 系贵州省农业科学院油料科学研究所以22A为母本,1536-119为父本配制的杂交油菜一代杂种。1995年经贵州省农作物品种审定委员会审定。

特征特性 属弱冬性早中熟双低杂交油菜品种。苗期长势好,中后期较强。其亲本具有中油821的血缘,茎秆坚硬,抗倒伏性好,耐肥耐病性强。株高176厘米,一次有效分枝8.2个,平均单株有效角果405.3个,平均每角果含种子18.2粒,种子千粒重3.7克左右。全生育期227~235天,比秦油2号早熟5~7天,比中油821早熟1天。

产量表现 在贵州省区域试验中,产量比杂交油菜蜀杂1号增产14.64%,比秦油2号增产23.21%。

栽培要点 9月10~15日育苗,10月中下旬移栽。每667平方米种植0.8万~1万株,施氮(N)15~20千克,应特别注意施用硼肥。

适种地区 适宜长江流域两熟制和三熟制地区种植。

13. 川油21

品种来源 系四川省农业科学院作物研究所用自育双低不育系和双低恢复系配组选育而成。2001年通过四川省农作物品种审定委员会审定。同年通过全国农作物品种审定委员会审定,系四川省第一个通过全国审定的三系双低杂交油菜品种。

特征特性 单株有效角果440~470个,每角果有种子14.2~18粒,千粒重3.5克左右。经全国区试统测,商品菜籽含油率40.14%,种子芥酸含量0.17%,商品菜籽硫苷含量29微克分子/克。该品种高产、稳产,适应范围广,抗病毒病能力较强,低感菌核病。秆硬抗倒。中熟,成熟期比中油821早3天以上。

产量表现 该品种在3年45点次国家级和省级试验(区试、生产试验)中,平均每667平方米产156.4千克(最高每667平方米产250.3千克),比非优质对照种中油821增产21.94%。

适种地区 适于长江上游平原、丘陵地区种植。

14. 蓉油6号

品种来源 系四川省成都市第二农业科学研究所1995年用本所选育的甘蓝型双低油菜细胞质雄性不育系蓉A950424与本所选育的双低恢复系蓉C950700配组,经1996年和1997年两年正规比较试验,1998年和1999年四川省区试和省生产试验鉴定筛选育成。2000年通过四川省农作物品种审定委员会审定,并确定为四川省主要推广的油菜新品种。农业部推荐在全国推广。

特征特性 属甘蓝型油菜半冬性中熟双低不育三系杂交种。子叶肾形,叶绿色,有蜡粉。幼苗半直立,薹茎微紫。匀生分枝,株型扇形。株高210厘米左右,第一次有效分枝高度50厘米左右,主花序长约70厘米。一次有效分枝12个左右。单株角果数560个左右,每角果有种子16粒,千粒重3.95克。含油率40%左右,芥酸含量0.23%,硫苷含量21.87微克分子/克。抗寒、抗白锈病、霜霉病、病毒病和菌核病。抗倒力较强。熟期比中油821早3天。

产量表现 1996~1999年参加四类共37点次试验,平均每667平方米产131.8千克,比对照中油821平均增产31.32千克,增产率31.17%。大面积种植一般每667平方米产150~180千克,高的可达200千克以上。

栽培要点 成都平原9月15日前后播种,苗龄30天左右,宽窄行壮苗移栽,栽植密度每667平方米0.6万株左右。每667平方米用0.5千克硼砂和30~50千克过磷酸钙混合做底肥穴施,施后与土相混合栽苗。中等肥力田块,每667平方米施氮(N)10~12千克,底肥、追肥比例1∶1。多施有机肥。苗期、果期注意防治虫害。

适种地区 适宜四川省及长江流域类似生态区种植。

15. 绵油 12 号

品种来源 系四川省绵阳市农业科学研究所用自育的核不育两用系 7AB-4-1 和四川省农业科学院培育的双低品系 93－496 组配而成的双低优质杂交种。2001 年 10 月通过四川省农作物品种审定委员会审定。

特征特性 属甘蓝型双低优质中熟杂交种。苗期长势较强，弱冬性，半直立。叶深绿色，叶缘微波状，浅缺刻。花期生长繁茂，花黄色，粉充足。植株高度中等，一次有效分枝较多，主花序较长，结角较密，角果细长。单株有效角果 450 个左右，每角有种子 18.3 粒，千粒重 3.15 克。芥酸含量 1.33%，硫苷含量 41.76 微克分子/克，含油率 41.41%。生育期与中油 821 相当，比蜀杂 6 号长 1 天。根系发达，茎秆硬健，株型紧凑。抗倒耐寒力和抗病毒病和菌核病能力均较强。

产量表现 2000 年和 2001 年的两年参加全国区试(长江上游片)，每 667 平方米平均产量 156 千克，比对照中油 821 增产 15.46%，列第二位；2001 年同时参加全国区试(长江中游片)，平均每 667 平方米产量 156.1 千克，比中油 821 增产 7.14%。在大面积应用中一般增产 10% 以上。

栽培要点 适时播种。四川绵阳地区在 9 月 12～18 日育苗，直播 10 月初播种；偏北偏西地区提早，偏东偏南地区适当推迟。合理密植，移栽每 667 平方米栽植 0.7 万～0.9 万株，直播每 667 平方米栽植 1 万株左右。施足底肥，早施追肥，氮、磷、钾、硼肥合理搭配。施氮(N)量控制在每 667 平方米 16.7 千克。及时防病治虫，苗期及青荚期重点防治跳甲虫、蚜虫和菜青虫，初花期至盛花期重点防治菌核病。

适种地区 适宜长江上中游平原、丘陵区及生态条件相似地区种植。

16. 皖油 14 号

品种来源 系安徽省种子总公司与安徽省农业科学院作物研究所合作开发的杂交优质油菜新品种。1998 年 5 月通过安徽省农作物品种审定委员会审定。2000 年 6 月通过全国农作物品种审定委员会审定。是农业部重点推广的 6 个优质油菜品种之一，农业部种植业司确定的 15 个长江流域双低油菜主推品种之一。

特征特性 该品种半冬性，春前苗期生长缓慢，春后随气温回升生长加快。早播不会早薹早花，但可促进年后早熟高产。枝多角多，一般一次有效分枝 7～9 个，再次有效分枝 5～6 个。单株有效角果数 420 个左右，每角果有种子 20 粒，千粒重 3.8 克。全生育期 230 天左右，比秦油 2 号早 2～3 天。抗寒性强，对菌核病和病毒病的抗性优于秦油 2 号。在高产生产条件下表现出较大丰产潜力。

产量表现 大田一般每 667 平方米产 200 千克左右。

栽培要点 应比当地甘蓝型油菜提早 5～7 天播种。江淮地区育苗移栽宜于 9 月上旬播种，直播宜于 9 月底至 10 月初播种，淮北和江南地区可在此基础上适当提早或推迟 5 天左右。中等肥力田块移栽每 667 平方米 0.8 万～1 万株，直播 1.2 万～1.5 万株，每穴留双株。移栽苗龄不超过 40 天，早栽早管，充分利用秋冬有利温光，促进秋发壮苗，充分发挥其枝多角多的增产潜力。

重施底肥，早追苗肥，增施磷、钾、硼肥。每 667 平方米产量为 200 千克的施氮(N)17.5 千克，磷、钾减半，全部做底肥；氮肥以 50%做底肥，30%做年前苗肥，20%做蕾薹肥，在年后抽薹前施用。切忌薹期偏施化学氮肥。缺硼田块每 667 平方米施硼肥 0.75～1 千克，如遇到长期干旱天气，在蕾薹期再喷施 1 次。注意及时治虫除草,开好三沟(厢沟、围沟、腰沟),防止水渍。

适种地区 适宜在安徽、江苏、浙江、上海等省、市种植。

17. 湘杂油2号

品种来源 系湖南省农业科学院作物研究所采用细胞质雄性不育选育的优质、高产杂交油菜新品种。1998年通过湖南省农作物品种审定委员会审定。2000年通过全国农作物品种审定委员会审定。

特征特性 属甘蓝型油菜中熟类型,全生育期比湘油13号早熟1~2天。在中等肥力水平下,一般株高1.7~2米,一次分枝9~12个,单株荚果数400个左右,每角果籽粒18~20粒,千粒重3.8~4克。茎秆坚硬,抗倒性好,抗病能力强。

产量表现 1997~1999年参加全国(长江中游区)区域试验,平均每667平方米产量139.9千克,比对照中油821增产10.9%,增产显著。大面积生产一般每667平方米产量150千克左右,最高每667平方米产量达265千克。

栽培要点 播期以9月上中旬为宜,苗龄30~35天。每667平方米种植密度0.8万~1万株。移栽时淘汰病苗、小苗和劣苗,施肥以底肥为主,苗肥、腊肥为辅,底肥用量应占总肥量的60%以上。长江流域等缺硼地区,要求每667平方米底施硼肥1千克。苗床做到早间苗、稀留苗,移栽大田后及时中耕除草,搞好抗旱防渍和病虫害防治。

适种地区 适宜于长江流域二熟、三熟制冬油菜区栽培。

二、黄河流域冬油菜良种

1. 豫油5号

品种来源 系河南省农业科学院棉花油料研究所选育的胞质不育三系杂交种。1998年被河南省农作物品种审定委员会命名为豫油5号。2002年12月18日通过国家农作物品种审定委员会审定。

特征特性 属甘蓝型半冬性双低油菜杂交种。苗期发苗快，长势强，茎秆粗壮，抗倒伏，具有较强的抗菌核病和病毒病能力。其突出特点是抗寒性强，适合黄淮流域冬季寒冷地区种植。群体一致性好。全生育期235天，比早熟对照品种豫油2号晚熟2天，比秦油2号早熟1天。株型高大，株高179.3厘米。单株角果数多，全株平均总有效角果达348个。角果长5.6厘米，每角果有籽粒21.6粒，千粒重3.3克。菌核病发病率和病情指数分别为11.5%和9.2，病毒病发病率和病情指数分别为8.7%和4.4，属抗病类型。

产量表现 该品种在国家黄淮区区试中表现出很好的丰产性和适应性，3年平均每667平方米产181.56千克。在2001～2002年度国家黄淮区生产试验中居参试品种首位，比对照种非优质高产杂交种秦油2号增产3.67%。

栽培要点 油菜为小粒种子，顶土力较弱，必须精耕细作，争取一播全苗，为高产打下基础。要求底肥足，苗肥轻，蕾薹肥早，三者比例为5∶2∶3。每667平方米施1千克硼砂做底肥，防止花而不实。提倡多施有机肥。直播田适播期为9月15～30日，育苗田适播期为9月10～20日，以保证壮苗安全越冬。高肥力田块每667平方米栽植1万株，中肥田块1.2万～1.5万株，旱薄地或晚播田1.5万~2万株。出苗后要及时间苗，五叶期定苗。及时中耕，剔除杂草，防止板结。12月份浇越冬水，防旱防冻。2月下旬至3月上旬浇返青水，以利于早发。播前用毒饵诱杀地下害虫。苗期防治菜青虫、蟋蟀和蝗虫。秋季防治蚜虫，控制病毒病发生。

适种地区 适宜河南、安徽、江苏等油菜产区种植。

2. 杂9522

品种来源 系河南省农业科学院棉花油料作物研究所选育的胞质不育三系杂交种，属甘蓝型半冬性早熟双低油菜杂交种。2001年4月通过河南省农作物品种审定委员会审定。

特征特性 该杂交种苗期发苗快，长势强，春季返青快，抽薹稳健，茎秆粗壮，群体一致性好。全生育期235天，比早熟对照种豫油2号晚熟2天，比秦油2号早熟3~5天。株型高大，株高179.3厘米，结角果密，单株角果数多。角果长5.5厘米，每角果有籽粒21粒，千粒重3.4克。具有较强的抗(耐)菌核病和病毒病能力，菌核病病情指数平均为3.47，属抗(耐)病类型；病毒病病情指数平均为1.50，属高抗病类型。抗倒伏。

产量表现 1999~2000年度参加河南省杂交油菜生产试验，平均每667平方米产138.8千克，比对照品种非优质杂交种秦油2号增产2.8%。

栽培要点 每667平方米施尿素10千克，过磷酸钙50千克，硼肥1千克，土杂肥2~3立方。精细整地，足墒下种。黄河流域适宜播期为9月中下旬，每667平方米播种量0.5千克，播深2~3厘米。苗期管理：3叶期间苗，5叶期定苗，每667平方米留苗1.5万株。水肥条件好的地块可适当减为1万~1.2万株。及时防治病虫害。12月上中旬浇好越冬水，及时中耕培土。3月上旬重施蕾薹肥，每667平方米施尿素10~15千克。初花期防治蚜虫，并喷0.3%硼砂液1~2次。

适种地区 适宜河南、安徽、江苏、湖北等油菜产区种植。

3. 杂 97060

品种来源 系河南省农业科学院棉花油料研究所育成的双低优质油菜三系杂交新组合。2002 年 4 月通过河南省农作物品种审定委员会审定。

特征特性 经河南省农业科学院植物保护研究所在重病地多次进行重复鉴定，表现出良好的抗病性，属抗病毒病、菌核病杂交种。稳产性与丰产性良好。

产量表现 1998～2001 年参加河南省优质杂交油菜区试，平均每 667 平方米产 170.1 千克，比第一对照种豫油 2 号增产 28.4%，比第二对照种非优质高产杂交种秦油 2 号增产 13.1%，达极显著水平。

栽培要点 每 667 平方米施尿素 10 千克，过磷酸钙 50 千克，硼肥 1 千克，土杂肥 2～3 立方。精细整地，足墒下种。黄河流域适播期为 9 月中下旬，每 667 平方米播种量 0.5 千克，播深 2～3 厘米。3 叶期间苗，5 叶期定苗，每 667 平方米留苗 1.5 万株。水肥条件好的地块可适当减少为 1 万～1.2 万株。12 月上中旬浇好越冬水，及时中耕培土。3 月上旬重施蕾薹肥，每 667 平方米施尿素 10～15 千克。初花期防治蚜虫，并喷 0.3%硼砂 1～2 次。

适种地区 适宜在湖北、江苏、安徽、河南水稻区和黄淮旱作区种植。

4. 杂 98033

品种来源 系河南省农业科学院棉花油料研究所育成的双低优质油菜三系杂交种。2003 年通过河南省农作物品种审定委员会审定。

特征特性 属甘蓝型半冬性双低优质油菜杂交种。叶片深绿色，被有蜡粉。春季返青快，长势强，茎秆粗壮，抗倒性强。全生育期231天，与早熟对照种豫油2号熟期相同，比秦油2号早熟2～5天，属中早熟型。株型较高大，平均株高166厘米。分枝部位适宜，一次分枝8个。每角果有籽粒21.9粒，结角果密度1.19，千粒重3.38克。稳产性与丰产性良好。

产量表现 在2001～2002年度河南省杂交油菜生产试验中，平均每667平方米产172.28千克，比对照种非优质杂交种秦油2号增产11.14%。芥酸含量0.72%，硫苷含量13.68微克分子/克，种子含油量42.09%，蛋白质与同类主栽品种相当。

栽培要点 每667平方米施尿素10千克，过磷酸钙50千克，硼肥1千克，土杂肥2～3立方。精细整地，足墒下种。黄河流域适播期为9月中下旬，每667平方米播种量0.5千克，播深2～3厘米。3叶期间苗，5叶期定苗。每667平方米留苗1.5万株。水肥条件好的地块可适当减少到1万～1.2万株。12月上中旬浇好越冬水，及时中耕培土。3月上旬重施蕾薹肥，每667平方米施尿素10～15千克。初花期防治蚜虫，并喷0.3%硼砂液1～2次。

适种地区 适宜湖北、江苏、安徽、河南省水稻区和黄淮旱作区种植。

5. 杂98009

品种来源 系河南省农业科学院棉花油料研究所育成的双低优质油菜三系杂交种。2003年通过河南省农作物品种审定委员会审定。

特征特性 属甘蓝型半冬性双低油菜杂交种，苗期长相稳健，叶片深绿色，被有蜡粉。春季返青快，长相稳健，茎秆粗壮，抗倒性强。全生育期231天，中早熟。株型较高大，平均株高162.2厘米。分枝高度52.8厘米，一次分枝8.2个。角果数325.5个，角果长度5.7厘米，每角果有籽粒21.7粒，千粒重3.16克。稳产性、丰产性良好。

产量表现 2002～2003年国家黄淮区试5省9个点试验，平均每667平方米产量为176.33千克，比对照秦油2号增产1.78%。2年平均每667平方米产177千克，比对照秦油2号增产4.82%。

栽培要点 重施底肥，每667平方米施尿素10千克，过磷酸钙50千克，硼肥1千克，土杂肥2～3立方米。精细整地，足墒下种。黄河流域适宜播期为9月中下旬，每667平方米播种量0.5千克，播深2～3厘米。3叶期间苗，5叶期定苗，每667平方米留苗1.5万株，水肥条件好的地块可适当减少到1万～1.2万株。及时防治病虫害。12月上中旬浇好越冬水，及时中耕培土。翌年3月上旬重施蕾薹肥，每667平方米施尿素10～15千克。初花期防治蚜虫，并喷0.3%硼砂液1～2次。

适种地区 适宜在湖北、江苏、安徽、河南水稻区和黄淮旱作区种植。

6. 秦优7号

品种来源 系陕西省杂交油菜研究中心于1997年育成。2001年6月通过陕西省农作物品种审定委员会审定，2002年4月通过国家黄淮区农作物品种审定。2003年9月通过国家长江下游区品种审定，是陕西省和黄淮区第一个高油分的双低优质杂交油菜新品种。

特征特性 甘蓝型，弱冬性，半直立，深裂叶。株高160～190厘米，匀生分枝，角果中粗长且籽粒多。全生育期230～250天。耐迟播，抗寒耐旱。秆硬抗倒，长势强，整齐度好。抗菌核病和病毒病。

产量表现 2000年和2001年参加陕西省油菜区试，两年平均每667平方米产量208.4千克，与对照秦油2号产量相当。参加生产试验,比秦油2号增产4.5%。2001年和2002年两年参加长江下游区区试,两年比对照中油821平均增产10.79%,达极显著水平。2003年参加该区生产试验,比对照品种平均增产11.65%。试验示范证明,秦优7号是一个稳产性好、抗逆性强,品质稳定的高产高油优质杂交种。

栽培要点 当旬平均气温下降到19℃~18℃,或冬前≥0℃、有效积温达900℃时的始期为直播适期。长江流域育苗移栽,育苗可比当地直播适期提前1周播种。播种量,直播为每667平方米0.25~0.3千克,育苗移栽为每667平方米苗床地播0.5千克。苗床与大田比例为1:5。水肥地每667平方米留苗0.6万~0.9万株,旱肥地和晚播田每667平方米留苗1万~1.2万株。施足底肥,增施磷钾肥,施好硼肥。油菜属喜磷作物,缺硼会导致花而不实症,因此要重视磷肥和硼肥的施用。每667平方米产200~250千克油菜籽的,一般需每667平方米施纯氮10~14千克,磷肥用量可按氮量的一半施用。缺钾地区要适当补施钾肥。每667平方米施硼砂0.5~0.75千克或将100克高效速溶硼肥,在蕾薹期分两次喷施。

黄淮流域要做好防冻保苗(冬前6~7片真叶期喷150毫克/千克多效唑液),临冻期(11月上旬)要培土防冻。长江流域要做好排涝防渍。

适种地区 适于黄淮和长江流域两熟栽培区种植。

7. 秦优8号

品种来源 系陕西省咸阳市农科所和三原县种子公司组成的油菜品种选育、推广、开发联合体,培育的双低油菜新品种。2001年6月通过陕西省农作物品种审定委员会审定。

特征特性 品质优。低芥酸,低硫苷。抗倒,抗寒,抗病。适应性较广。

产量表现 丰产性好，平均每667平方米产量为202.43千克。

适种地区 适于陕西关中、陕南及黄淮地区种植。

8. 陕油8号

品种来源 系西北农林科技大学农学院经济作物研究所育成的低芥酸杂交种。2000年通过陕西省农作物品种审定委员会审定。2001年8月通过国家农作物品种审定委员会审定。

特征特性 经农业部农产品质量监督检验测试中心测定，油酸含量51%，亚油酸含量、芥酸含量0.61%，硫苷含量>60微克分子/克，含油量41.1%。高抗病毒病，对菌核病具有耐病性。

栽培要点 关中西部9月10日以前、关中中部9月15日、关中东部9月20日左右播种。陕南9月10日左右育苗。黄淮流域与当地甘蓝型油菜播期相同。关中灌区每667平方米留苗0.8万～1万株，黄淮流域及陕南0.6万～0.8万株。整地时每667平方米施有机肥3000千克，碳酸氢铵50千克，过磷酸钙50千克，尿素10千克。陕南及黄淮流域稻田每667平方米同时施入硼肥1千克做底肥。

出苗后应及时防治黄曲跳甲，每667平方米用甲敌粉1～1.5千克喷施。3月上中旬每667平方米用甲敌粉1.5～2千克防治茎象甲。初花后注意防治蚜虫。越冬期应冬灌保苗，在12月中旬进行灌水。

适种地区 适宜陕西省种植。

三、北方春油菜良种

1. 青油14号

品种来源 系青海省农林科学院春油菜研究开发中心以加拿大双低品种威士特(Westar)为母本,以丹麦低芥酸品种丹低为父本育成的甘蓝型早熟双低春油菜品种。1994年5月经青海省农作物品种审定委员会审定,1998年通过国家农作物品种审定委员会审定。

特征特性 属春性早熟品种,在西宁地区出苗至成熟为106天,在海拔2800米的山区为121天。较耐菌核病,高抗锈病。茎秆硬,不倒伏。株高适中,适于机械收获。

产量表现 1991~1992年参加北方8省、自治区优质油菜品种区域试验,两年产量居首位。1992年在青海省级生产试验中,10个点全部增产。旱地点每667平方米平均产245千克,灌区点平均产284千克,比对照丹低增产11.63%。1993年参加全省示范种植248.6公顷,平均每667平方米产量220千克。

栽培要点 青海省河湟灌区以3月下旬至4月中旬播种为宜,条播每667平方米下种0.4~0.6千克,保苗1.2万~1.8万株。在山旱地以4月上旬至5月上旬播种为宜,条播下种0.5~0.8千克,保苗1.5万~2.8万株。在无霜期短及肥力不足的地区宜适当密植。在青海主要产区以氮、磷肥等量配合施肥较好,用0.5%甲拌磷颗粒剂随种子播入土中,以防治茎象甲为害幼苗。生育期每667平方米追施尿素1.5~2千克。及时间苗、定苗。角果期注意防蚜虫。

适种地区 该品种适宜在青海、甘肃、内蒙古、黑龙江、新疆等省、自治区春油菜区种植。

2. 青杂1号

品种来源 系青海省农林科学院春油菜研究开发中心1988年从瑞典引进的甘蓝型油菜双低品种Hana中选株与波里马不育系侧交和连续回交,育成不育系331A和保持系331B。从安徽省的甘蓝型低芥中硫杂交种中选株连续自交,育成双低恢复系331R。1993年用不育系331A与恢复系331R配制成杂种。1996年通过青海省农作物品种审定委员会审定,现定名为青杂1号(青油331)。

特征特性 单株有效角果数380~420个,单株产量21~24克,每果籽粒数24~28粒,千粒重4.60±0.37克。籽粒含油量42.03%±0.08%,油中芥酸含量0.57%±0.04%,硫代葡萄糖苷含量23.95±1.2微克分子/克。出苗至5叶期23~26天,出苗期至开花期55~60天,开花期至成熟期59~64天。全生育期128~134天。抗旱性中等,耐寒性较强,抗倒伏。田间菌核病发病率3%~5%,茎象甲为害率为3%~5%。抗根肿病。

产量表现 大面积种植一般每667平方米产213~240千克,高水肥条件下产240~285千克。

栽培要点 要求土壤疏松,肥力中上,在中位浅山旱地适时多用磷肥,在水地氮肥用量比一般品种稍大些。氮、磷比为1:0.93。水地适宜播期为3月下旬至4月中旬,旱地为4月中下旬。条播,每667平方米播种量为0.35~0.40千克,播种深度3~4厘米,行距25~35厘米,株距22厘米,每667平方米保苗1.3万~3万株,成株数1万~2万株。出苗期注意防治跳甲虫和茎象甲,及时间苗、定苗。4~5叶期至花期要及时浇水、追肥。种肥每667平方米施氮(N)4.6千克,磷(P_2O_5)2.65千克;追肥每667平方米施氮(N)4.6千克。角果期要注意防治蚜虫、小菜蛾、菜青虫等。

适种地区 适宜青海省川水地区及海拔2 800米以下的山旱

地区和北方甘蓝型春油菜区种植。

3. 青杂2号

品种来源 系青海省农林科学院春油菜研究开发中心1996年用不育系105A与恢复系303R配制成的杂种。2000年通过青海省农作物品种审定委员会审定,现定名为青杂2号。

特征特性 单株有效角果数390.7±46.4个,单株产量24.5±3.9克,每果粒数25.3±3.8粒,千粒重4.2±0.42克。籽粒中含油量45.2%,油中芥酸含量0.65%,硫代葡萄糖苷含量27.8微克分子/克。

出苗至五叶期26~28天,出苗期至开花期61~63天。开花期至成熟期63~65天。全生育期132~134天。抗旱性中等,耐寒性较强,中抗倒伏。田间菌核病发病率3%~5%,茎象甲为害率为3%~5%。抗根肿病。

产量表现 大面积种植一般每667平方米产213~240千克,高水肥条件下每667平方米产240~285千克。

栽培要点 要求土壤疏松,肥力中上,在中位浅山旱地适时多用磷肥,在水地氮肥用量比一般品种稍大些。水地适宜播期为3月下旬至4月中旬,旱地为4月中下旬。条播每667平方米播种量为0.35~0.4千克,播种深度3~4厘米,株距29厘米,每667平方米保苗1.3万~3万株,成株数1万~2万株。出苗期注意防治跳甲虫和茎象甲。及时间苗,4~5叶期至花期要及时浇水、追肥。种肥每667平方米施氮(N)4.6千克,磷(P_2O_5)2.65千克;追肥每667平方米施氮(N)4.6千克。角果期要注意防治蚜虫。

适种地区 适宜青海省川水地区及海拔2 800米以下的山旱地区和北方甘蓝型春油菜区种植。

4. 青杂3号

品种来源 系青海省农林科学院春油菜研究开发中心从1999年用不育系144A与恢复系482-1R配制成的杂种。2001年通过青海省农作物品种审定委员会审定。

特征特性 单株有效角果166.56±41.23个,单株产量8.12±1.24克。每果籽粒数26.69±0.68粒,千粒重3.55±0.25克。籽粒中含油量44.27%,油中芥酸0.3%~0.8%,硫代葡萄糖苷26微克分子/克~30微克分子/克。

出苗至五叶期30~33天,五叶期至开花23~25天,开花至成熟期50~53天,全生育期105~108天。抗旱性、耐寒性和抗倒伏性中等。田间菌核病发病率3%~5%,茎象甲为害率为3%~5%。抗根肿病。

产量表现 大面积种植一般每667平方米产180~226.7千克,高水肥条件下每667平方米产226.7~286.7千克。

栽培要点 要求土壤疏松,肥力中上,适时多用磷肥,氮肥用量比一般品种大。播期为4月中下旬。条播,每667平方米播种量为0.4~0.5千克,播种深度3~4厘米,株距15~20厘米,每667平方米保苗3万~4万株,成株数2.8万~3.8万株。出苗期注意防治跳甲虫和茎象甲。及时间苗。4~5叶期至花期要及时浇水、追肥。底肥每667平方米施氮(N)4.6千克,磷(P_2O_5)2.67千克,追肥每667平方米施氮(N)4.6千克。角果期要注意防治蚜虫。

适种地区 适宜在青海省海拔2800~3000米地区种植和我国北方春油菜种植区一般甘蓝型油菜不能正常成熟地区种植。

5. 互丰010

品种来源 系青海省互助县农业技术推广中心1996年用自己选育的波里马不育系015A与恢复系010R配制成的杂种。1999

年通过青海省农作物品种审定委员会审定。

特征特性 单株有效角果数339.4±48.6个，单株产量26.5±7.8克。每果籽粒22.1±3.4粒，千粒重3.65±0.15克。籽粒中含油量50.55%，油中芥酸含量1.07%，硫代葡萄糖苷含量25.93微克分子/克。

播种至出苗26±3天，出苗期至五叶期21±2天，出苗至开花期59±3天，开花期至成熟期65±5天，全生育期124±8天。抗旱性较强。幼苗耐寒性较强。抗倒伏。生长后期有潜叶蝇为害，为害率32%，对产量无明显的影响。耐菌核病。

产量表现 大面积种植高产的每667平方米可达270.6千克，比青油14号增产54.06千克，增产幅度为19%～29.5%。

栽培要点 要求在土壤有机质较高、秋季深翻的地块种植。一般每667平方米施农家肥4 000千克，磷(P_2O_5)6.9千克，氮(N)9.6千克。适宜播期为3月20日至4月10日，每667平方米播种量为0.35～0.4千克，用甲拌磷与种子混合均匀后条播，播种深度3～4厘米，行距25～35厘米，株距22厘米。水浇地每667平方米保苗1万～1.2万株，旱地每667平方米保苗1.4万～1.8万株。出苗期注意防治跳甲虫和茎象甲。3～4叶期进行一次性间苗、定苗。追肥每667平方米施氮(N)4.6千克。角果期要注意防治蚜虫、小菜蛾和菜青虫等。

适种地区 适宜青海省川水地区及海拔2 780米以下的山旱地区和北方甘蓝型春油菜区种植。

第二编　芝麻良种引种

第五章　芝麻生产概况

第一节　芝麻的经济价值与利用

芝麻是重要的油料和经济作物之一，富含脂肪和蛋白质，为食用油脂、食品和医疗保健产品加工的重要原料。芝麻籽粒中含量最高的是脂肪，白芝麻一般为53%～56%，黑芝麻为47%～53%。芝麻平均含油量为53.59%，最高达61.65%。芝麻油的脂肪酸组成中以不饱和脂肪酸为主，油酸和亚油酸含量之和占80%以上，均为人体容易消化吸收的脂肪酸。尤其亚油酸，是人体不能合成而又必需的脂肪酸，具有很高的营养价值，在芝麻中该脂肪酸的含量是很高的。

芝麻种子含蛋白质22%左右，是重要的植物蛋白来源。芝麻蛋白是一种球蛋白，在脱脂粕中含量为40%～48%。芝麻蛋白中含有人体所需的8种氨基酸，组成齐全，特别是在许多食品中缺乏的含硫氨基酸含量高。

芝麻具有很重要的经济价值。据报道，以芝麻为原料加工的产品达100多种。我国的芝麻历来以榨油为主，一般加工出油率为45%～50%，小磨加工出油率为40%～45%。芝麻油油质好，营养丰富，香味浓郁，素有油中之王的美誉。芝麻油可防止食物中维生素的分解，并有助丁人体消化和吸收。

芝麻是重要的食品工业原料，可制作芝麻酱、芝麻糕、糖果等食品，还能加工成人造奶油、人造猪油、芝麻豆腐、芝麻乳等。在其他工业部门，芝麻油可用于制造润滑油、肥皂、药膏等。芝麻饼粕是良好的家畜家禽饲料，如用做肥料，其肥效快，有机成分含量高，肥质好，适用于许多作物。

芝麻还是传统的医疗保健产品，含有大量的抗氧化剂成分，维生素 E 含量高，它能增强亚油酸的活动能力，常食用芝麻油和芝麻制品，有利于预防冠心病、高血压、糖尿病和肥胖症等疾病。芝麻还具有补益脑髓，延缓大脑衰老，促进神经活力和预防脑力、视力、听力、肢节灵敏度减退的作用。芝麻是促凝血药，可防治血小板减少症等。食用芝麻油，可抑制人体胆固醇的增加。

第二节　我国芝麻生产概况

我国是世界芝麻主产国之一，已有 2000 多年的种植历史。芝麻是适应范围很广的作物，我国广大地区都能种植，分布十分广泛。南起海南岛，北至黑龙江，东起台湾、上海，西到西藏都有种植。自 1949 年以来，我国芝麻生产呈现出强劲的发展势头，虽然种植面积出现较大的波动，但总产稳步上升。

我国芝麻常年种植面积为 70 万～100 万公顷，起伏较大，单产和总产上升很快。1978 年播种面积为 63.77 万公顷，但单产上升到 505.5 千克/公顷，总产变化不大，为 32.2 万吨。1985 年播种面积回升到最大，为 105.19 万公顷，单产 660 千克/公顷，总产 69.1 万吨。以后面积有一定的下降，一般在 70 万公顷左右。近年来，播种面积又呈上升的趋势，2002 年为 75.89 万公顷，单产 1 179 千克/公顷，总产 89.5 万吨。

我国芝麻种植面积和总产量居首位的是河南省，年种植面积和总产分别为 25 万公顷和 25 万吨左右。种植面积居第二和第三位的分别是安徽和湖北省，分别为16万公顷和14万公顷左右，而总产居第二和第三位的也分别是湖北和安徽省，分别为20万吨和17万吨左右。江西省种植面积和总产均居全国第四位。2001～2002年我国芝麻主产省份种植面积和产量如表5-1所示。

表5-1 2001～2002年全国及主产省芝麻播种面积和产量

全国及主产省	播种面积(万公顷)		单产(千克/公顷)		总产量(万吨)	
	2001	2002	2001	2002	2001	2002
全　国	75.79	75.89	1060.5	1179.0	80.4	89.5
河　南	24.91	25.00	960.0	1105.5	23.9	27.6
安　徽	16.14	16.61	1035.0	1018.5	16.7	16.9
湖　北	12.99	13.87	1504.5	1494.0	19.5	20.7
江　西	4.70	4.24	688.5	726.0	3.2	3.0
河　北	2.61	2.13	760.5	769.5	2.0	1.6
陕　西	2.18	2.09	1045.5	928.5	2.3	1.9

从上表可以看出，我国芝麻主要集中在河南、湖北、安徽3省，2002年种植面积之和占全国的73.1%，总产之和占全国的72.8%。在三大芝麻主产省中，单产以湖北最高，2002年为1 494千克/公顷，比河南和安徽分别高35.1%和46.7%，比全国平均水平高26.7%。

世界上芝麻种植面积超过75万公顷的国家有印度、苏丹、缅甸和中国。我国芝麻单产在四个主产国中是最高的，2001年为1 060.5千克/公顷，远高于印度的335千克/公顷、缅甸的324.9千克/公顷和苏丹的139.4千克/公顷，超过世界芝麻平均单产的1.6倍。

我国芝麻年总产量为80万吨左右，人均芝麻占有量很低，折合芝麻油仅0.25千克，占人均食用油9.5千克的2.6%。据预测，到2020年我国人口将达到15亿,人均植物油年消费量将上升到14千克(FAO推荐的人均植物油消费标准)。如果芝麻油占植物油的消费比例仍按2.6%计算,到2020年全国芝麻油的消费量达54.6万吨,增长68%。实际上,芝麻油是属于高营养且具保健功效的植物油,随着人们生活水平的提高和保健意识的增强,芝麻油消费量所占的比重将会明显提高。因此,芝麻的生产发展空间巨大。

第六章 芝麻生态环境与良种引种

第一节 芝麻生长发育的生态条件

一、芝麻发芽出苗需要的生态条件

（一）温度 芝麻种子在16℃～36℃能正常发芽，最适宜的温度是24℃～32℃，低于12℃或高于40℃时发芽受到影响。

（二）水分 土壤水分对芝麻种子发芽有较大的影响。据试验，土壤含水率在12%～20%之间，出苗率可达80%～95%，最适宜含水率为16%～20%。如果土壤干旱，种子不能吸足水分而发芽缓慢；如果土壤含水率达24%以上，不利于芝麻出苗。

（三）土壤条件 当土壤疏松、整地质量好时，芝麻在粘土、轻壤土至中壤土、砂壤土和冲积土上均能正常发芽。如土壤为重酸性土、盐碱化土或受污染严重的土壤等，均不利种子发芽。适宜的土壤pH值为6.5～7.5，即微酸性至中性。

二、芝麻生长发育需要的温度

芝麻生育期内要求有较高的温度和必需的积温。芝麻一生需要积温2 500℃～3 000℃，我国绝大部分地区能满足这一要求。芝麻的生长发育在昼夜平均温度为20℃时较好，以20℃～24℃最适宜。温度低于5℃时，幼苗就会停止生长。开花结果时如气温低于15℃，则易出现畸形花、不孕花，严重时导致落蕾落花或蒴果发育不良。温度过高，对芝麻开花受精也有很大的影响，尤其在干旱情况下，极易引起落花落蕾。

三、芝麻生长发育需要的光照

芝麻是喜光怕阴的作物,全生育期都需要充足的阳光。芝麻生育期内需日照时数为600~800小时。芝麻在生长发育期间,充足的阳光有利于其光合作用和营养物质的积累,满足其营养生长及开花结果的需要。如果光照不足,则植株生长不良,干物质积累和籽粒产量将显著下降。要想高效利用光能,必须通过调整种植密度,以获得合理的群体结构。

四、芝麻生长发育需要的水分

芝麻为中等需水作物,表现为稍耐旱而怕渍涝。据试验,芝麻在生育期间需水3010.5 米^3/公顷,折算降水量为301.2毫米。芝麻对水分的敏感度比其他作物要大,干旱主要影响植株代谢功能,减缓养分的吸收和营养物质的传输;渍害主要胁迫其根系长期处于无氧呼吸状态,影响根系的吸收能力。

芝麻在不同生长发育时期对水分的吸收量不同。在幼苗阶段,由于生长缓慢,根系吸收能力较弱,最适生长的土壤含水量为16%~20%。现蕾、开花、结实阶段,根系生长迅速,对水分吸收能力增强,耗水量占总耗水量的60%。芝麻开花最适宜的空气相对湿度是94%~99%,特别在空气相对湿度为97%左右时,植株开花数最多。当湿度下降到70%以下时,就不利于芝麻的开花受精。

第二节　芝麻品种特性与生态环境

一、品种形态特征与生态环境

地处高纬度地区的东北、华北地区种植的芝麻一般是单秆型品种;但宽行垄作宜种植分枝型品种。中原地区的黄淮平原历史上有稀植习惯,以分枝型品种为主,但近年来随着种植制度的改变和单秆型新品种的推广利用,生产上以单秆型品种为主。江汉平原则随地形而有所不同,平原以分枝型品种为主,山区、丘陵则以单秆型为主。纬度较低的华中南及华南地区,则以较耐瘠薄、宜于密植的单秆型品种较多,沿海有台风影响的地区以抗倒伏的分枝型品种为主。云南及贵州、广西的部分地区为适应当地的自然条件,多种植株较高大、个体发育较好的分枝型品种。

气温低而降水量较少的高纬度地区,如东北、华北等地区,芝麻植株较矮小,叶片小而较窄,叶全缘,色深,在长日照地区能较好协调水分蒸腾与光合作用之间的关系。从北到南,随着纬度的降低,温度逐渐升高,日照时数逐渐减少,降水量逐渐增加,则芝麻叶片逐渐变宽、变大,叶缘由波状浅缺到缺刻渐深、渐密。华中地区叶片较大,叶色稍浅。在低纬度的华南地区,如广东、广西,有较多的品种叶片偏小,以适应三熟制密植种植。在云南,多种植分枝多而长、叶片大而宽、叶深裂或全裂、叶缘有缺刻的品种。

二、品种生育特性与生态环境

我国东北的春芝麻适应长日照,在生育期间温度较低,须有较长的生育日数才能满足对光温的需要,因此生育期较长,全生育日数达110~120天。海南的春芝麻处于短日照条件下,能较早地满足对光、温的需要,生育期较短,全生育日数仅70~80天。我国中部地区的夏芝麻所处的地理位置介于南、北之间,生育日数也介于二者之间,为90~100天。约占我国芝麻面积四分之三的黄淮、江汉平原夏芝麻区,为我国芝麻主产区。

三、品种抗逆特性与生态环境

芝麻在长期的栽培过程中,形成了对各地区生态逆境因子的适应性和抗(耐)性。譬如,东北、华北一些半干旱地区的品种抗旱性较强,华南、西南高温高湿地区一些品种的耐渍性较强,而江淮地区的芝麻既具有一定的抗旱性,也具有一定的耐渍性。

第三节 芝麻栽培区划与引种规律

一、我国芝麻分布区域及生态区划

根据各地环境条件、耕作制度、栽培措施的差异,并依自然地理区划,将我国芝麻划分为7个生态区,其中黄淮和江汉地区为主产区。

(一)东北、西北一年一熟制春芝麻区 包括东北3省、内蒙古和西北的新疆,芝麻主要分布于北纬41°~47°之间,占我国芝麻种植总面积的5%~6%。以辽宁省面积最大,为1.4万公顷左右,主要集中于辽西和辽北。其次是内蒙古自治区,面积0.9万公顷左右。其他省、自治区面积均小,新疆主要分布于吐鲁番地区。

(二)华北一年一熟制春芝麻区 包括北京、天津、河北、山东、山西、陕北等地,位于北纬33°~40°,东经105°~122°范围内,基本是一年一熟春芝麻区,其面积约占我国芝麻种植总面积的10%。以河北省面积最大,主要分布于沧州、衡水、保定、邢台等地区。山东省的菏泽、惠民、德州,山西省南部、中部、东部也是主要分布地区。

(三)黄淮一年两熟制夏芝麻区 芝麻主要分布于黄河以南、淮河以北的广阔平原地区,包括河南和安徽两省及苏北部分地区,多集中于北纬32°~35°,东经112°~120°范围内。本区气候土壤均适宜芝麻种植,是我国芝麻主要产区之一,约占全国芝麻种植总面积的40%。

(四)江汉一年两熟制夏芝麻区 包括河南省南阳,陕西省关中、渭南地区，湖北省除鄂东外的大部地区，位于北纬28°～35°，东经106°～115°范围内。该区包括江汉平原和南阳盆地，适宜芝麻种植，是我国芝麻主产区之一，占我国芝麻种植总面积的27%～28%。

（五）长江中下游一年两熟夏播及间套种芝麻区

从湖北省东部开始，沿长江而下，涵盖赣北的九江，皖南的安庆、芜湖，直抵华东的江浙沿海各地，占全国芝麻种植总面积的6%～7%。

（六）华中南、华南一年两熟及三熟制春、夏、秋兼播芝麻区

包括江西、湖南、广西、广东、福建、海南等省、自治区，种植面积约占全国的10%。该区包括华中南和华南两大地区，华中南芝麻分布于北纬24°～30°，东经108°～115°；华南主要分布于北纬20°～25°，东经115°～121°。其中江西是由一年两熟夏芝麻过渡到一年三熟制秋芝麻的地带。

（七）西南高原以夏播为主兼春、秋播芝麻区 该区属低纬度高原，包括贵州、云南和重庆、川东盆地的边缘山区，以及西藏局部温暖河谷地，芝麻种植面积占全国总面积的2%～3%。位于北纬22°～28°，境内山峦起伏，海拔高低落差大。

二、我国芝麻引种规律

（一）影响芝麻引种成功的因素

1. 温度　不同芝麻品种对温度要求不同，如来自高纬度地区的品种要求的温度较低，其抗低温和抗旱的能力较强，不能适应低纬度夏季的高温天气。相反，来自低纬度地区的品种耐高温高湿的能力较强，如引种到高纬度地区，则可能因为温度低而生长发育缓慢，生育期延长。

2. 光照　芝麻虽为短日照作物，但我国北方的芝麻品种在较长的日照条件下也能正常开花结果。不同品种要求的光照条件不同，在引种时要充分考虑光周期反应，避免因日照过长使初花期延迟而不能正常成熟，或因日照过短使植株过早开花，植株矮小而不能高产。

3. 水分　我国芝麻种植区降水量相差很大，使得南北芝麻品种对水分的反应有较大差异。北方气候干燥，因而北方芝麻抗旱性较强，但不耐渍涝；南方则相反，南方芝麻品种较耐渍涝，但抗旱性不及北方品种。因此，在引种时，品种的抗旱耐渍涝性是必须考虑的因素。

4. 纬度　纬度影响日照、温度、降水量等。因此，一般来说同纬度或纬度相近的地区间引种，品种的生育期和经济性状不会发生很大变化，引种较易成功。相反，纬度不同的地区间引种时，由于日照、气温、降水量差异大，如果某一因子不能得到满足，引种就很难成功。

5. 海拔　随着海拔的增高，温度逐渐降低。因此，将低海拔地区的品种引至高海拔地区，要注意温度是否能满足生长发育的需要。

6. 其他因素　不同芝麻品种对土壤状况、耕作制度、栽培水平等有不同的要求，在引种时应予以考虑。

(二)芝麻引种规律

1. 纬度相同或相近的地区引种　由于日照长短相似，温度差异不大，东西之间引种容易成功。如我国芝麻主产区湖北、河南中南部、安徽中南部的品种相互引种就很容易成功，甚至从国外纬度相近的国家引种，也能表现较好的适应性，如武汉从美国、墨西哥引进的品种，多数品种能正常生长发育。

2. 由北向南引种　将北方高纬度地区的芝麻品种引到南方低纬度地区种植时，由于日照变短、温度变高，营养生长期缩短，开花提前，开花结果期也明显缩短，植株变矮，结果数减少，很难获得高产。所以，从高纬度向低纬度地区引种时，要选择引进熟期较迟的品种，以防止早衰现象发生和生育期的缩短。

3. 由南向北引种　将南方低纬度地区的品种引至北方高纬度地区种植，由于高纬度地区芝麻生育期间日照长，温度低，来自低纬度地区的芝麻需要的短日照和高温条件不能得到满足，植株生长高大，往往开花延迟，后期如遇低温则可能因积温不足而使蒴果不能正常成熟。因此，从南往北引种，应引进生育期较短的早熟品种，以减轻生育期延长的影响。

4. 从不同海拔高度引种　当纬度相近而海拔高度不同的地区互相引种时，主要考虑的因素是温度。由于高海拔地区温度较低，植株表现高大繁茂，熟期延迟，存在是否能成熟的问题。因此，引种时应引生育期较短的早熟品种。相反，从高海拔地区向低海拔地区引种时，由于温度增高，生育期缩短，应选引较迟熟的品种。

（三）芝麻引种试验和引种实践　芝麻适宜的日照时数为每日9～13个小时，超过15个小时则开花明显推迟或不能开花。据傅家瑞于1960年进行的芝麻光照试验，将北纬35°以北的长日照性品种和北纬25°～35°的短日照性品种南引至广州，生育期均缩短。当日照加长至16～24小时时，生育期分别延长12～20天和25～31天，连续光照能够开花结实。将北纬25°以南的华南和印度的短日照性品种引到广州，在连续光照下，生育期延长60多天，甚至完全不能开花，说明其短日照性要求更严格。

据陈和兴报道，我国于1960～1961年进行全国芝麻农家品种生态区试，来自黑龙江双城市的“476”在齐齐哈尔（北纬45°45′）的生育期为128天，单产1 389千克/公顷。引进至阜阳（北纬32°57′），生育期缩短39天，产量只有齐齐哈尔的47.3%。引进至武汉（北纬30°38′），生育期缩短45天，产量只有齐齐哈尔的26.9%。再向南引进至南宁（北纬22°48′），从出苗到开花只有19天，并很快就终花，产量仅为齐齐哈尔的9.7%。短日性品种武昌竹秆青，在武汉的生育期为90天，每公顷产量1 301.3千克。向北引进到郑州（北纬 34°43′）和保定（北纬 38°53′），因播种期的差异，生育期分别延长 16 天和 12 天，产量分别比在武汉减产 49.7% 和 99.6%。而引进到齐齐哈尔，不能成熟而失收。

芝麻品种从原产地可以向南北各延伸 3°～5°，但不同品种引种范围存在较大差异。中芝 7 号在武汉育成，向北引进到河南南阳、安徽阜阳，向南引进至云南红河、海南海口均获得成功，故该品种可往北引进 3°～4°，往南引进 10°～11°。中芝 8 号引种范围为北纬 22°～35°，豫芝 2 号从北纬 33°可向南引进到北纬 22°。

第七章 芝麻优良品种

一、白芝麻良种

1. 中芝8号

品种来源 中国农业科学院油料作物研究所以中芝7号之2为母本，江陵永光兴芝麻为父本经有性杂交，F2、F3两代人工渍害鉴定筛选，后代混合选择培育而成。已通过湖北省农作物品种审定委员会审定。

特征特性 单秆型，一叶三花，同株蒴果4,6,8棱混生。株高中等，始蒴部位较低，空梢尖较短，结蒴较密。茎秆和蒴果的茸毛中等。叶片绿色，中等大小。叶缘呈锯齿状。花筒及花唇白带微紫色，筒底淡黄色，成熟时茎秆黄绿色。每果籽粒100粒左右，种皮薄。耐渍性很强，较抗病。种子含油量56.34%，蛋白质含量22%左右。全生育期95天左右，较耐晚播。秋播生育期80天左右。

产量表现 在湖北省生产试验中，两年15点次平均每667平方米产量80.7千克，比中芝7号增产12.1%。在渍涝年份增产潜力更大。生产上一般每667平方米产60～80千克，在湖北嘉鱼示范种植，最高达136.4千克/667平方米。

栽培要点 从5月中旬至7月上旬均可播种。黄淮平原5月中旬播种，长江中下游地区5月下旬至6月上旬播种。晚播芝麻区应在7月上旬以前，宜早不宜迟。早播(5月中旬)，肥地密度宜稀，每667平方米留苗9000株；晚播(6月底7月初)，瘦地宜密，每

667平方米1.5万株。正常夏播(5月底6月初)、中等肥力水平,每667平方米1万~1.2万株。管理上要深沟窄厢,清沟排渍;施足底肥,看苗追肥;适时除草,早间苗,5对真叶定苗;轮作换茬,切忌重茬;遇旱及时灌溉,及时防治病虫害,如茎点枯病、枯萎病、蚜虫等。

适种地区 适宜在江淮及南方夏播两熟制地区种植,在三熟制地区也能适应。

2. 中芝10号

品种来源 中国农业科学院油料作物研究所利用中芝5号×[(紫花叶二三×中芝1号)×遂平小籽黄]×(中芝5号×柘城铁股杈)复合杂交育成。分别于1994年和1997年通过湖北省和全国农作物品种审定委员会审定。

特征特性 分枝型,一叶三花,蒴果四棱。株高150厘米左右,最高可达200厘米。有效分枝4个左右,单株蒴果数100~200个。每果籽粒65粒左右,千粒重2.6克左右。种皮洁白,种子含油量55.88%,蛋白质含量23.58%,是油用和出口创汇的理想品种。植株粗壮,生长整齐,苗期健壮,开花较迟,花期集中,成熟一致。成熟时茎、果呈黄色,不易裂果。耐旱、耐渍性强,保苗率高。不论是自然病圃,还是接种鉴定,在各级区试中与中芝8号、襄芝2号、豫芝2号对照种比较,中芝10号对茎点枯病、枯萎病均属抗病品种。在安徽省重茬地的生产试验中,该品种抗病性明显优于对照。正常夏播全生育期95天左右,秋播85天上下。

产量表现 湖北省区试种于重茬2~3年的地里,每667平方米平均产量57.2千克,比中芝8号增产15.68%,比襄芝2号增产61.28%;生产试验每667平方米平均产量65.1千克,增产14.03%。国家区试每667平方米平均产量61.5千克,比对照品种豫芝2号增产6.07%,居首位;生产试验每667平方米平均产量

66.8千克，增产15.19%。在湖北襄樊市连续两年进行高产示范，每667平方米产量分别达146.7千克和155.9千克。生产上一般每667平方米产70～85千克。

栽培要点 精细整地，深沟窄厢，厢宽不超过3米。5月中旬至7月上旬(秋播区)均可种植，地膜覆盖栽培可提前到4月底5月初，适墒播种。密度视施肥水平和播种迟早而定。早播或肥力高，每667平方米控制在0.6万～0.7万株；正常夏播中等肥力，每667平方米0.7万～0.8万株；迟播为0.8万～1万株。在上述范围内，千万不能过密，否则就不能发挥分枝的增产作用。底肥一次施足，每667平方米施复合肥30千克为好，现蕾至初花期每667平方米追施尿素6～10千克。田间管理上一般中耕除草3～4次，早间苗定苗，小苗呈十字架状和第二对真叶时各间苗1次，3～4对真叶时定苗。注意清沟排渍，遇旱傍晚灌溉，及时防治虫害，特别是地老虎和蚜虫，以免缺苗断垄和发生病毒病。

适种地区 适宜在鄂、豫、皖、赣、桂、黔等省、自治区种植。

3. 中芝11

品种来源 中国农业科学院油料作物研究所利用航天育种技术以豫芝4号做搭载亲本经系统选择育成。2003年通过湖北省农作物品种审定委员会审定和全国芝麻品种鉴定委员会鉴定。

特征特性 单秆型。株高一般160～170厘米，栽培条件好时可达200厘米以上。生长势强，根系发达，茎秆基部方形，粗壮，茸毛量中等。中下部叶片阔椭圆形，上部长椭圆形，叶色淡绿，叶缘浅裂。花冠白色，每叶腋三花。蒴果四棱。成熟时茎秆为黄绿色，落黄性好。一般始蒴高度50厘米左右，果轴长度100厘米左右，空梢尖3～5厘米。每蒴籽粒65～70粒，种子长卵圆形，种皮颜色纯白，千粒重3克左右。较抗茎点枯病，平均发病率14.16%，病情指数5.53。种子含油量56.2%，蛋白质含量20.23%。长江流域夏播全生育期 90～95 天，淮河流域夏播全生育期 95～100 天。

产量表现 2001～2002 年全国芝麻品种区试，两年每 667 平方米平均产量 85.92 千克，比对照品种豫芝 4 号增产 11.82%。2002 年生产试验，每 667 平方米平均产量 74.03 千克，比对照品种增产 21.12%。

栽培要点 精耕细作，深沟窄厢，最好不要选重茬地。每 667 平方米施氮磷钾复合肥 30～40 千克做底肥，于犁前撒施。现蕾至初花期适量追肥，每 667 平方米施尿素 2.5～5 千克。4 对真叶期可定苗，高肥力地块密度为 0.8 万株/667 平方米，中等肥力地块为 0.9 万株左右，肥力较差地块留 1 万～1.1 万株。早治虫，在其幼龄期(7 月中下旬)喷洒杀虫剂，3 龄以上大幼虫可人工捕捉。夜蛾防治期在 6～7 月。打顶不宜过早，以终花期打掉嫩尖1～3 厘米为宜。在全株蒴果 3/4 变黄、基部有少数炸裂时收获。

适种地区 适宜湖北、江西、河南、安徽等芝麻主产区种植。

4. 中芝 12

品种来源 中国农业科学院油料作物研究所以国外引进的芝麻品种 CLSU-9 做母本，本地品种宜阳白做父本杂交，经多代定向选择育成。于 2003 年和 2004 年分别通过湖北省农作物品种审定委员会审定和全国芝麻品种鉴定委员会鉴定。

特征特性 单秆型。在稀植的情况下，茎秆下部也可长出1～2 个分枝。植株较高，一般为 160 厘米左右，最高可达 200 厘米。茎秆粗壮、色绿，茎秆及蒴果茸毛较少，成熟时为青黄色。叶片较大，绿色，叶柄较长。每叶腋 3 花，花为白色。始蒴部位一般 50～70 厘米，空梢尖 3～7 厘米，主茎果轴长 70～100 厘米，茎秆中部节间短，结蒴很密。单株蒴果数一般 80～100 个，多者可达 200 个以上。蒴果四棱，较小，但种子排列紧密，种子粒数较多，每蒴种子数 70～80 粒。种皮纯白、光滑，千粒重 2.7～2.9 克，商品性好。耐渍性强，抗(耐)茎点枯病和枯萎病明显强于鄂芝2号。湖北省区试中病情指数分别为6.56和1.62，比鄂芝2号分别低35.9%和17.8%。种子含油量56.09%，蛋白质含量20.11%。夏播全生育期90～100天，秋播85天左右。

产量表现 在2001～2002年湖北省芝麻区试中，平均产量80.88千克/667平方米，比对照鄂芝2号增产14.32%；生产试验示范，平均产量70.15千克/667平方米，比对照鄂芝2号增产14.18%。在2002～2003年全国芝麻区试和生产试验中，比对照种豫芝4号分别增产7.06%和12.33%。

栽培要点 不宜种在重茬地。精细整地，深沟窄厢，厢面平整，厢宽不超过3米。播种期夏播为5月中旬至6月上旬，秋播不迟于7月10日。科学施肥，以每667平方米施氮(N)7～9千克，磷(P_2O_5)5～6千克，钾(K_2O)6～7千克。底肥可施氮磷钾复合肥(15:15:15) 30～40千克/667平方米，于最后一次犁地前撒施。初花期每667平方米追施尿素5～7千克。密度夏播为10 000株/667平方米，肥力水平高的为0.8万～0.9万株/667平方米，秋播为1.1万～1.2万株/667平方米。小苗呈十字架状和出现第二对真叶时各间1次苗，3～4对真叶时定苗，防止高脚苗。注意清沟排渍，遇旱傍晚灌溉，随灌随排，及时防治病虫害。初花后25天左右打顶，以利于籽粒饱满、一致。植株中下部叶片脱落，茎秆上有1～2个蒴果微裂时收获。

适种地区 适宜湖北、河南、安徽、江西芝麻主产区及南方种植。

5. 鄂芝1号

品种来源 湖北省襄樊市农业科学院作物研究所利用82-262为母本，中芝8号为父本经有性杂交选育而成。1998年通过湖北省农作物品种审定委员会审定。

特征特性 单秆型。三花,蒴果四棱。白花微紫,蒴果中短。茎秆粗壮。正常年份株高180~200厘米。叶片肥大,叶色深绿。蒴果密,单株结蒴果150个左右。单蒴籽粒65粒,千粒重3克以上。全生育期95天。种子含油量59.2%,含粗蛋白质18%。

产量表现 1994~1997年参加湖北省芝麻区试,平均59.44千克/667平方米,比对照中芝10号增产10.8%。1995和1996年全省芝麻试验示范,平均产量分别为86.7千克/667平方米和103千克/667平方米。

栽培要点 在开好沟厢的基础上适时早播。油菜茬应在5月中下旬播种,麦茬应在6月上旬播种。出苗后2对真叶时间苗,出苗后15~20天定苗。初花期前除草、松土3次,做到苗期生长均匀矮壮。每667平方米种植密度0.9万~1万株。按每667平方米150~200千克产量,需氮(N)5.3~6千克,磷(P_2O_5)5千克,钾(K_2O)4.6千克。磷、钾肥的全部和氮肥的50%于耕地前施入,50%的氮肥于初花期、盛花期分2次追施。苗期主要防治地老虎,用敌杀死1 200倍液喷雾。中后期防治蚜虫,用乐果1 000倍液喷雾。初花至盛花期注意抗旱和及时防涝排渍。

适种地区 适宜湖北及邻近省份种植。

6. 鄂芝2号

品种来源 湖北省襄樊市农业科学院作物研究所以本所选育的芝麻品系82-408经6万拉德γ射线辐射诱变选育而成。2000年通过湖北省农作物品种审定委员会审定。

特征特性 单秆型。正常年份株高180厘米,茎秆粗壮。每叶腋3花,蒴果4棱。叶片肥大,花白色、花冠较大。蒴果密,蒴节长1~2厘米,不易裂蒴。单株结蒴120~150个,蒴果中等。单蒴籽粒数65~70粒,千粒重3克。种皮纯白色。种子含油量57.38%。全生育期88天。

产量表现 1996～1998年参加湖北省芝麻区试，平均单产57.7千克/667平方米，比对照中芝10号增产11.1%。

栽培要点 油菜茬应在5月中下旬、麦茬在6月上旬抢墒播种。加强苗期管理，防止高脚苗。2对真叶时间苗，出苗后15～20天定苗。每667平方米种植密度0.9万～0.96万株。按每667平方米产量150～180千克，需氮(N)5～5.7千克，磷(P_2O_5)5千克，钾(K_2O)4.6千克。磷、钾肥的全部和50%的氮肥于耕地前施入，另外50%的氮肥于初花期、盛花期分2次追施。苗期防治地老虎，用敌杀死1 000倍液喷雾；中后期防治蚜虫，用乐果800～1 000倍液喷雾；开花期注意抗旱和防涝排渍。

适种地区 适宜湖北及邻近省份种植。

7. 鄂芝3号

品种来源 湖北省襄樊市农业科学院作物研究所以1283做母本，以本所品系86-302做父本杂交选育而成。2002年通过湖北省农作物品种审定委员会审定。

特征特性 单秆型。正常年份株高180厘米，茎秆粗壮、成熟时呈绿色，叶片肥大、色绿。每叶腋3花，蒴果4棱、中下部少数6棱。白花，花冠较大。单株结蒴120个左右，蒴果中长，每蒴70粒。籽粒较大，千粒重2.8～3克。不易裂蒴，籽粒含油量57.23%。抗茎点枯病较强，区试中发病率、病情指数分别为18.3%和5.36，比对照中芝10号分别低7.8个百分点和3.1。全生育期87.5天。

产量表现 1998～1999年参加湖北省芝麻区试，平均产量59.5千克/667平方米，比对照中芝10号增产9.42%。

栽培要点 适宜播期为5月中下旬至6月上旬，适宜密度为0.96万～1万株/667平方米。

适种地区 适宜湖北及邻近省份种植。

8. 豫芝4号

品种来源 河南省驻马店市农业科学研究所用宜阳白做母本,驻芝1号做父本杂交选育而成。1989年通过河南省农作物品种审定委员会审定。

特征特性 单秆型。株高150厘米,高者可达200厘米以上。每叶腋3蒴,蒴果4棱,蒴长中等、肥大。花白色,黄梢尖短,成熟时落叶。茎蒴呈黄绿色,落黄好。始蒴部位低,只有35~50厘米。单株蒴数75个左右,每蒴籽粒为66粒左右。单株产量较高,千粒重高达3.15克。抗茎点枯病较强,高抗枯萎病,抗旱耐渍性较强。种子品质较好,含油量55.91%,含蛋白质量24.79%。一般生育期88~93天。

产量表现 1987年参加全国区试,平均产量58.07千克/667平方米;1988年参加全国区试,平均产量76.5千克/667平方米,比中芝7号增产11%以上。一般产量70千克/667平方米。

栽培要点 5月中下旬至6月上中旬均可播种,最佳播期为5月下旬至6月初。一般每667平方米留1万株左右为宜,其中高肥地或早播情况下可适当稀些,中下等肥力或晚播情况下可适当密些。每667平方米施优质农家肥5 000千克,过磷酸钙25千克,硫酸钾5~8千克做底肥。初花23天左右"小打顶"(掐去1厘米左右的顶心)。中期喷洒40%多菌灵或70%甲基托布津500~800倍液,隔10天喷1次,连喷2~3次,以防治病害。在全田植株落叶3天或下部蒴果微裂时即可收获。

适种地区 适应性较广泛,最适宜于长江以北各芝麻主产区种植。

9. 豫芝8号

品种来源 河南省农业科学院芝麻研究中心用宜阳白做母

本,光华一条鞭做父本进行杂交选育而成。1993年通过河南省农作物品种审定委员会审定。

特征特性 单秆型,一般无分枝。茎秆粗壮,抗倒伏。植株高大,一般株高160厘米左右,最高可达200厘米以上。叶色深绿,花冠粉红,花期40天左右。每叶腋3蒴,蒴果4棱,节间短,果轴长。种子长卵形,千粒重3克左右。高抗茎点枯病和叶斑病,抗枯萎病,中抗病毒病。耐渍耐低温性好。种子含粗脂肪量为55.59%。生育期87~90天,属中早熟品种。

产量表现 1990~1992年连续3年参加河南省区试,平均产量58.9千克/667平方米,比对照豫芝2号增产19.59%。生产上夏播一般每667平方米产量50~75千克,丰产栽培可达100~150千克。

栽培要点 适时早播,夏播以6月15日前为适宜播期。合理密植,春播每667平方米留苗1万株左右,夏播随播期推迟可适当增加密度,一般为1.2万~1.5万株/667平方米。科学施肥,底肥以磷、钾肥为主,每667平方米施过磷酸钙、硫酸钾各15~20千克,蕾花期每667平方米追施尿素5~7千克,盛花期后喷施叶面肥,以利于增加粒重。

适种地区 适宜河南省春播及夏播区种植,在邻近省份试种表现也较好。

10. 豫芝10号

品种来源 河南省驻马店市农业科学研究所用外来亲本小林2号(日本)和自育亲本48-2进行有性杂交选育而成。1995年通过河南省农作物品种审定委员会审定。

特征特性 单秆型。株高150厘米左右,最高可达200厘米以上。始蒴部位低,开花早,每叶腋3花。蒴长中等,蒴果肥大,4棱。籽粒洁白,千粒重2.61克。抗逆性强,对枯萎病、茎点枯病、病毒病均有一定抗性。种子品质较好，种皮薄，色洁白，含油率55.68%。生育期90天左右，属中熟偏早品种。

产量表现 1990～1994年共参加41点次试验，平均产量56.68千克/667平方米，比对照品种豫芝2号、豫芝4号增产12.16%。生产上一般每667平方米产量70千克。

栽培要点 黄淮平原春播期一般为5月中下旬，夏播期为6月上旬，最佳播期为6月5日前。高肥地留苗0.8万株/667平方米，中等肥力地块留苗1.2万～1.4万株/667平方米，早播比晚播田留苗适当稀些。重施磷、钾肥，一般高产田每667平方米施优质农家肥3 000～5 000千克，过磷酸钙60千克，硫酸钾25千克，尿素15千克和适量的微肥做底肥。夏芝麻在初花后20天左右、春芝麻于初花后23天左右打小顶，严禁打叶。当全田植株接近全部落叶，茎秆、蒴果呈黄绿色，下部3～5个蒴果微裂时收获。

适种地区 适宜河南及邻近省份种植。

11. 豫芝11号

品种来源 河南省农业科学院芝麻研究中心从豫芝4号的变异株中通过系选方法选育而成。1999年通过河南省农作物品种审定委员会审定。

特征特性 单秆型，一般无分枝。植株高大，茎秆粗壮，株型紧凑，适宜密植。一般株高165厘米，在高肥水条件下可高达200厘米以上。叶色深绿，中下部叶片长椭圆形、有缺刻，上部叶片呈柳叶形。花期35～40天，花白色，花冠基部微红，3花，蒴果4棱，蒴长3厘米左右，不裂蒴。种子长卵圆形，种皮纯白色，纹路较细。千粒重2.7～3克。含油量56.66%。较抗枯萎病、茎点枯病。在自然发病的条件下，高抗叶斑病。全生育期春播86～90天，夏播80～85天，属中早熟品种。

产量表现 1996～1998年参加河南省区域试验，平均产量

59.55千克/667平方米,比对照豫芝4号增产6.19%。1998年参加生产试验,平均产量58.8千克/667平方米,比豫芝4号增产7.44%。

栽培要点 春播适播期为5月中下旬,夏播为5月25日至6月5日,最迟不能晚于6月10日。密度以1万~1.2万株/667平方米为宜,推迟播期可适当增加密度。采用平衡配方施肥技术,在每667平方米产量为75千克的水平下,需施纯氮6~7千克,氮、磷比例为1:0.5~0.7;高水肥时,氮、磷比例为1:2~3,并适当配施钾肥。蕾花期适当追施尿素10千克/667平方米。及时间苗、定苗,勤除草。苗期注意防治地老虎,中后期用多虫清防治蚜虫和芝麻盲蝽。用多菌灵、托布津、乙磷铝防治芝麻病害。在立秋前小打顶。

适种地区 适宜河南及邻近省份春、夏季种植。

12. 郑97C01

品种来源 河南省农业科学院棉花油料作物研究所用7801做母本,本所育种中间材料124做父本,经杂交育种并结合辐射育种的方法选育而成。于2001年和2002年分别通过河南省和全国农作物品种审定委员会审定。

特征特性 单秆型。出苗速度快,苗期生长健壮,中下部叶片较大,叶色深绿。植株高大,一般在147~178厘米之间。在高产条件下,可高达200厘米以上。籽粒纯白,纹路较细,千粒重最高达3.481克。高抗茎点枯病和枯萎病,抗旱、耐渍、抗倒伏能力较强。含油量56.1%,蛋白质含量19.72%。全生育期87~91天,属中早熟品种。

产量表现 在参加河南省区试中,1999年平均产量88.7千克/667平方米,比对照豫芝4号增产3.22%;2000年平均产量56千克/667平方米,比对照增产8.22%;2001年参加河南省生产试验，平均产量 89.8 千克/667 平方米，比对照增产 14.7%。

栽培要点 春播地膜覆盖栽培要求 5 月初播种，春播和预留行麦垄套种应在 5 月中旬播种，夏播一般在 5 月 25 日至 6 月 5 日播种，最迟不能超过 6 月 10 日。播种方式应以等行距或宽窄行种植较为适宜。适宜密度为每 667 平方米 1 万～1.5 万株，早茬地 1 万～1.2 万株，夏播地 1.2 万～1.5 万株。采用平衡配方施肥，即氮、磷比例为 1∶0.5～0.7。每 667 平方米施氮(N)6～7 千克或芝麻专用肥 35～70 千克，并在现蕾期适当追施尿素 5～10 千克。在芝麻生育中期可喷洒辛硫磷、氧化乐果等农药，以预防虫害；喷洒多菌灵、乙磷铝等农药以预防或减轻病害。春播芝麻应在 7 月底进行小打顶，夏播在立秋前后打顶。植株下部蒴果微裂时即可收获。

适种地区 适宜在河南省种植，在黄淮、江淮、新疆地区也有较好适应性。

13. 郑杂芝 H03

品种来源 河南省农业科学院棉花油料作物研究所用核不育系 91ms2108×92D028 育成的杂交品种。于 2001 年和 2002 年分别通过河南省农作物品种审定委员会和全国农作物品种审定委员会审定。

特征特性 单秆型。株高 170～200 厘米，叶色深绿，花冠白色。一叶三花，蒴果 4 棱。单株蒴数 75 个左右，每蒴籽粒 70 粒左右，千粒重 3.2 克左右。对茎点枯病和枯萎病有较强的抗性，种子含油量 58.58%(干基)，蛋白质含量 18.62%。苗期生长健壮，发育速度快。生育期 93 天左右，属中熟品种。

产量表现 1997～1999 年参加河南省区试，平均产量 80.4 千克/667 平方米，比对照品种豫芝 9 号和豫芝 4 号分别增产 8.7% 和 10.6%；1999 年参加生产试验，平均产量 99.9 千克/667 平方米，比豫芝4号增产5.7%。

栽培要点 适宜播期为5月中下旬至6月上中旬，地膜覆盖时间可提前到4月底或5月初，麦茬夏播芝麻应力争早播。留苗密度视播期早晚、土壤肥力而定，一般在0.8万～1万株/667平方米。对肥水要求较高，应加大施肥量。建议每667平方米施肥量为：磷肥30～40千克，钾肥10～20千克，氮肥10～20千克。加强田间管理，促控结合，及时防治病虫害，注意抗旱、排涝。

适种地区 适宜黄淮芝麻产区种植。

14. 驻芝11号

品种来源 河南省驻马店市农业科学研究所以该所选育的育种中间材料81043为母本，以豫芝4号为父本经有性杂交选育而成。2003年通过全国芝麻品种鉴定委员会鉴定。

特征特性 单秆型。植株高大，一般为150～170厘米，最高的达200厘米以上。植株下部叶片较大，茎秆颜色成熟时仍为绿色，茎秆和蒴果茸毛量中等。花为白色，籽粒洁白，纹路较细。始蒴部位一般在38～62厘米，黄梢尖5厘米左右，主茎果轴长100厘米左右，蒴果4棱，蒴长2.7～3厘米，千粒重2.77～3克。抗倒伏性和抗茎点枯病、枯萎病和叶斑病较强。含油量57.07%，蛋白质含量20.72%。夏播全生育期85～90天，属中早熟品种。

产量表现 2000～2001年参加全国（江淮片）芝麻区试，平均产量82.37千克/667平方米，比对照豫芝4号增产5.47%。2002年参加生产试验，平均产量74.5千克/667平方米，比豫芝4号增产17.41%。

栽培要点 春播地膜覆盖栽培要求5月初播种。在5月中下旬春播，在5月25日至6月5日夏播，最迟不应超过6月10日。密度根据肥力确定，在高肥条件下每667平方米定苗0.8万株左右，中等肥力地块1万株左右，肥力较差地块1.2万株左右。采取平衡配方施肥，一般每667平方米施氮肥10～20千克，磷肥30～40千克，钾肥15～25千克。及时间苗，具4对真叶时定苗。注意促控结合，防旱排涝，及时防治病虫害。春播芝麻在7月底摘心1厘米，夏播芝麻在立秋前后打顶。在植株下部少数蒴果裂开时收获为宜。

适种地区 适宜长江以北、黄河以南芝麻主产区种植。

15. 漯 12

品种来源 河南省漯河市农业科学研究所以89H142优系为母本，以豫芝4号为父本杂交育成。2001年通过河南省农作物品种审定委员会审定。

特征特性 单秆型。植株生长健壮，一般株高165厘米左右，在高肥水条件下株高可达200厘米以上。叶色深绿，花冠白色，花期38天左右。每叶腋3花，蒴果4棱。蒴长3.2厘米左右，较肥大。始蒴部位低，果轴长，黄梢短，成蒴多。籽粒灌浆快，饱满度好，千粒重3克。籽粒洁白。茎秆坚韧，抗病性、耐渍性、抗逆性均较好。种子大小均匀，种皮薄，粗脂肪含量58.34%，粗蛋白质含量17.51%。夏播生育期80～85天，属早熟品种。

产量表现 1997～1999年参加河南省芝麻区试，平均产量74千克/667平方米，比对照豫芝4号增产6%。2000年参加生产试验，平均产量61.5千克/667平方米，比对照品种增产13.7%。

栽培要点 夏播宜早，播期一般不晚于6月10日，最好在6月5日前结束。适播期密度以1万株/667平方米为宜，播种推迟或土壤旱薄可适当增加密度。看苗追肥，一般施尿素7.5千克/667平方米，并配合施用一定磷、钾肥。及时防治病虫害，遇旱适时浇水，遇涝及时排水。严禁打叶，可采用打顶保叶技术。8月初根据芝麻长势掐去顶尖1～1.5厘米。

适种地区 适合在河南省及周边省份春、夏季种植。

16. 赣芝3号

品种来源 江西省农业科学院旱作研究所用丰城白芝麻做母本,用靖6-2做父本经有性杂交选育而成。1993年通过江西省农作物品种审定委员会审定。

特征特性 属单秆型。为3花、4棱蒴果芝麻新品种。株高133.4厘米,始蒴部位43.4厘米,空梢尖长约3厘米。单株蒴果数为70.3个,每蒴粒数69.3粒,千粒重2.82克。株型紧凑,适合于密植。茎秆粗壮,根系发达,耐肥抗倒,不易裂蒴。表现耐渍耐旱,对茎点枯病抗性较强。群体生长整齐,结蒴密而均匀,终花、成熟一致性好。成熟时落叶,茎秆蒴果为金黄色,蒴果较大。籽粒饱满,种皮洁白。脂肪含量为57.7%。生育期85天左右,属早熟类型。

产量表现 1988~1990年参加江西省芝麻区试,平均产量69.04千克/667平方米,比对照中芝3号增产14.78%,最高产量达136.5千克/667平方米。

栽培要点 秋播地区适播期为6月中旬至7月上旬,适宜密度为1万~1.2万株/667平方米。在红壤丘陵旱坡地上的低肥条件下,应增加密度0.2万~0.3万株/667平方米。以农家肥为主做底肥,及早追肥,初花期视生长势适时追施速效肥。

适种地区 适合土壤肥力高的地块做高水肥栽培,也可在红壤丘陵肥力较差的旱地上种植。

17. 陕芝3号

品种来源 西北农林科技大学农学院经济作物研究所用冀芝1号芝麻做母本,以子洲芝麻做父本杂交选育而成。2000年1月通过陕西省农作物品种审定委员会审定。

特征特性 属单秆型。株高170~180厘米。生育期95天左右。叶色深绿，叶片宽大，浅裂，长卵圆形。花白色，一叶三花。节间短，结蒴密，结果部位低。蒴果4棱，节间长度3.1厘米。始蒴高度41.5厘米。蒴果长度3厘米，每蒴粒数80粒左右，千粒重2.8克。结实性强，单株平均蒴果数128个。种皮白色，籽粒扁卵形，粒大洁白，商品性好。根系发达，生长势强，抗旱、抗倒，成熟时不易裂蒴。对芝麻茎点枯病、角斑病和青枯病等病害均表现出较高的抗性。种子含油量为54.4%～55.6%。

产量表现 该品种产量比对照引芝1号及冀芝1号增产13.9%，一般产量为90～120千克/667平方米，产量高的可达150千克/667平方米。适应性广，在旱塬、山坡旱地、灌区种植均表现较好。

栽培要点 5月上旬春播，5月下旬至6月上旬夏播，不晚于6月20日。每667平方米播种量0.5千克。留苗密度宁稀勿密，一般灌区每667平方米为0.8万株左右，旱塬留苗为1万株左右，山坡旱地每667平方米留苗1.2万株左右。施足底肥，适时追肥，一般每667平方米施磷酸二铵10千克，现蕾初花期追施尿素10千克。8月中旬(收获前20天左右)打尖，可起到促进成熟和提高产量的作用。苗期注意防治地老虎，花期注意防治蚜虫。

适种地区 适宜在黄河、淮河流域种植。

18. 冀芝3号

品种来源 河北省农林科学院粮油作物研究所以6309-2-4(塔什干×北京霸王鞭)为母本，以小马村一窝猴为父本杂交选育而成。1987年通过河北省农作物品种审定委员会审定。

特征特性 单秆型。株高中等，一般在140～180厘米。始蒴部位较低，花微紫。每叶腋3花。蒴果4棱，中等长度。单株平均结蒴数78个，千粒重2.8克。籽粒洁白，含油量57.1%。茎秆坚韧，抗倒伏和抗病性强。夏播生育期87天，也可春播，生育期105

天。

产量表现 1982～1985年参加河北省区试，平均产量49.5千克/667平方米，比对照冀芝1号增产11.99%。1986年生产鉴定，平均产量82.5千克/667平方米，比对照增产15.2%。

栽培要点 夏播以6月中旬为宜，最晚不能晚于6月25日，在小麦收获后应尽早播种。春播则在5月上旬为好。一般栽培密度为1万株/667平方米，肥力较好的地块密度为0.8万～1万株/667平方米。施足底肥，以粗肥为主，初花期可施氮肥10～15千克/667平方米，盛花期可喷钾肥和硼肥，以提高千粒重。适时间苗，具2对真叶时定苗。及时防治病虫害，花期喷施多菌灵500倍液2～3次，可预防疫病等病害大发生。

适种地区 适合河北种植，在河南、山东、陕西及京津部分地区表现也不错。

19. 晋芝2号

品种来源 山西省农业科学院经济作物研究所从农家品种祁县三角芝麻的变异株中系选育成。1995年通过山西省农作物品种审定委员会审定。

特征特性 单秆型。株高一般在150～170厘米。茎秆粗壮，一叶三花，蒴果4棱。叶色深绿，花色微紫，蒴果密集，始蒴部位较低。每蒴籽粒80粒左右，种皮白色。含油量55.28%，蛋白质含量26.92%。抗旱、耐湿、抗倒伏，高抗枯萎病和茎点枯病。春播生育期120～127天，夏播生育期90～95天。

产量表现 品系比较和生产试验结果，产量60～70千克/667平方米。

栽培要点 春播适期为5月上中旬，施肥氮、磷比为2∶1，种植密度1万～1.2万株/667平方米。苗期应及时防治小地老虎。

适种地区 适宜山西中北部地区春播和南部夏播。

二、黑芝麻良种

1. 中芝9号

品种来源 中国农业科学院油料作物研究所用新疆黑芝麻为母本，与中芝7号白芝麻开放式授粉杂交育成。1993年通过湖北省农作物品种审定委员会审定。

特征特性 分枝型，一般有效分枝3个左右。1叶3花，同株蒴果4,6,8棱混生。每蒴种子80粒以上，种皮乌黑。叶色深绿，花微紫色，茎、果茸毛量偏多。茎秆粗壮，不易倒伏。生长整齐，成熟一致。成熟时茎、果为青(黄)色，蒴果不易炸裂。耐渍性、抗(耐)茎点枯病较强，耐枯萎病强于武宁黑。种子含油量49.09%，蛋白质含量20.06%。正常夏播全生育期95天左右，秋播80天以下。

产量表现 1989~1990年参加湖北省黑芝麻品种区试，平均产量58.3千克/667平方米，比对照武宁黑增产27.6%，比白芝麻对照中芝7号仅减产1.9%。1990~1991年参加生产试验，比武宁黑和中芝7号分别增产29%和3.2%。产量一般为60~75千克/667平方米，与白芝麻良种中芝7号近似，最高达107.4千克/667平方米。

栽培要点 正常夏播期5月20日至6月10日，秋播不迟于7月10日。肥地或早播，种植密度为0.6万~0.8万株/667平方米，秋播以1万~1.2万株/667平方米为宜。每667平方米施复合肥30千克，过磷酸钙25千克，钾(K_2O)12千克，尿素10千克，硼砂1.2千克做底肥，犁地前混合撒施。看苗追肥，现蕾初花期施尿素5~7.5千克。及时田间管理。2对真叶后，用多菌灵800倍液或甲基托布津1 000倍液喷1~2次，以预防茎点枯病和枯萎病；用敌百虫 800～1000 倍液喷 1～2 次，以防治地老虎和蝼蛄。中后期用乐果或敌杀死防治蚜虫和芝麻天蛾。注意清沟排渍。

适种地区 适宜于鄂、豫(中南)、皖(中南)、赣、桂、黔等芝麻产区种植。

2. 赣芝 2 号

品种来源 江西省上饶地区农业科学研究所从江西波阳县农家黑芝麻品种中的变异单株经多代系选育成。1992 年通过江西省农作物品种审定委员会审定。

特征特性 普通分枝型。株高 120 厘米左右，在适宜密度下有 2 个分枝，分枝部位 20～40 厘米。茎粗中等，茸毛短少。叶长椭圆，深绿色，中上部长披针形，基部深裂，叶缘深齿状。植株生长健壮，花期集中，成熟时茎秆为黄色。一叶一花，花微紫色。蒴果 4 棱，中长蒴。每蒴种子 55～65 粒。籽粒较大，长椭圆形，千粒重 2.9 克左右。耐旱性较强，耐渍性中等。种子含油量 50.04%，蛋白质含量 26.03%。全生育期 80 天左右。

产量表现 1988～1990 年参加江西省芝麻区试，平均产量 64.47 千克/667 平方米，比对照武宁黑芝麻增产 13.62%。

栽培要点 夏播秋播均适宜，6 月上旬至 7 月下旬均可播种。

适种地区 适宜江西省平原、丘陵岗地及邻近省部分地区种植。

3. 宁芝 2 号

品种来源 江苏省丘陵地区南京农业科学研究所从江苏地方品种丹阳黑中系选育成。1995 年通过江苏省农作物品种审定委员会审定。

特征特性 分枝型。分枝数一般 3～4 个，多的达 7～8 个。株高 150～160 厘米，分枝部位较低，一般为 25～30 厘米。茎秆茸毛量中等。成熟一致，成熟时茎秆呈绿色。空梢尖较短，叶片深绿、较窄。一叶一花，花微紫色。蒴果4棱，单株结蒴70~80个，每蒴种子55粒左右。种皮乌黑，千粒重2.6克。耐渍耐旱性较强，高抗枯萎病，中抗茎点枯病，后期抗倒伏较好。种子含油量48.6%，蛋白质含量23.5%。夏播生育期90~95天。

产量表现 1990~1991年参加全国黑芝麻区试，平均产量64.75千克/667平方米，比对照武宁黑增产6.8%，比地方对照品种增产8.1%。1992年参加生产试验，平均产量36.85千克/667平方米，比武宁黑增产27.7%。

栽培要点 5月下旬至6月上旬为播种适期。在高肥水平条件下留苗0.6万株/667平方米，在中肥水平条件下留苗0.7万~0.8万株/667平方米。一般要求中等以上肥力水平，每667平方米施土杂肥1 000千克，氮磷钾复合肥25~30千克，苗期施尿素2~3千克，蕾花期施尿素5~7千克。加强管理，及时间苗、定苗，清沟防水防渍。苗期防治地老虎，中后期用乐果1 000倍液或敌杀死防治蚜虫和芝麻盲蝽等。

适种地区 适宜江淮产区种植。

4. 冀 9014

品种来源 河北省农林科学院粮油作物研究所以温仁黑芝麻为母本，以冀芝1号白芝麻为父本杂交选育而成。1998年通过河北省农作物品种审定委员会审定。

特征特性 单秆型。株高130~160厘米。一叶三花，蒴果4棱，单株结蒴100个以上。每蒴种子75粒，千粒重3克，种皮乌黑。茎秆粗壮，抗倒性强。成熟时茎与蒴果呈黄色。抗茎点枯病，高抗枯萎病。种子含油量48.07%，蛋白质含量23.3%。适宜晚春播和夏播种植。夏播生育期85~92天。

产量表现 在多点试验中，平均产量112.1千克/667平方米，比白芝麻对照冀芝3号增产14.9%。

栽培要点 选择中上等地力、排灌方便的地块种植，施足底肥。春播在5月20日左右，夏播不晚于6月20日。每667平方米定苗1万~1.2万株，行距40厘米。春播宜稀，夏播瘦地宜密。子叶十字架期间苗，第三对真叶期定苗。进入开花期，每隔1周喷1次杀菌剂+微肥，连喷2~3次。春播芝麻初花后30天、夏播初花后20天摘除顶部1厘米的顶心。

适种地区 适宜在河北、山西、辽宁、山东省及河南西部和北部种植。

5. 武宁黑芝麻

品种来源 江西省武宁县优良农家品种。

特征特性 单秆型。植株较矮，一般高105~112厘米。最低结果部位37厘米，平均节距4.1~5厘米。每节结果5~7个，单株蒴果110~115个。一叶三花，蒴果4棱。每蒴种子85~94粒，单株籽粒重12.5克，千粒重2.5克。成熟时，茎、果仍呈绿色，不易裂蒴。耐旱耐渍，抗病性较强。种皮纯黑，种子含油量49%~53.5%。全生育期85~90天。

产量表现 一般产量为75千克/667平方米左右，最高可达100千克/667平方米。

栽培要点 夏播可于5月中下旬，秋播可于7月上中旬播种。施圈肥2000千克/667平方米做底肥。播种后每667平方米施磷肥25千克，氯化钾10千克，或复混肥40千克拌过筛细火土均匀覆盖种子。定苗后施少量氮肥，花蕾期可叶面喷肥。每667平方米留苗1万~1.5万株。注意清沟排渍和防治病害。

适种地区 适宜江西省及其邻近省份种植。

附录1 油菜优良品种供种单位及联系人

品种名称	供种单位	地址与邮编	联系人		
			姓 名	电 话	传 真
中油杂2号、中油杂8号、中油杂11	中国农业科学院油料作物研究所	湖北省武汉市武昌区徐东二路2号 430062	李云昌		
中双8号、中双9号、中油杂4号、中油杂6号、中油杂7号、中油杂9号	中国农业科学院油料作物研究所	湖北省武汉市武昌区徐东二路2号 430062	刘贵华		
中双6号、中双7号	中国农业科学院油料作物研究所	湖北省武汉市武昌区徐东二路2号 430062	邹崇顺		
华油杂8号、华油杂9号	华中农业大学	湖北省武汉市狮子山 430070	杨光圣		
华杂3号、华杂4号	华中农业大学	湖北省武汉市狮子山 430070	付廷栋		
华双3号	华中农业大学	湖北省武汉市狮子山 430070	吴江生		
豫油5号、杂9522、杂97060、杂98033、杂98009	河南省农业科学院棉花油料作物研究所	河南省郑州市金水区农业路1号 450002	张书芬		
湘杂油2号	湖南农业大学农学系	湖南省长沙市 410005	官春云		

续附录 1

品种名称	供种单位	地址与邮编	联系人		
			姓 名	电 话	传 真
油研 7 号	贵州省农业科学院油料作物研究所	贵州省思南县塘头镇 565109	侯国佐		
川油 21、川油 17	四川省农业科学院	四川省成都市静居寺 20 号	张德发		
皖油 11 号	安徽省农业科学院作物研究所	安徽省合肥市农科南路 40 号 230031	陈凤祥		

附录2 芝麻优良品种供种单位及联系人

品种名称	供种单位	地址与邮编	联系人		
			姓名	电话	传真
中芝9号 中芝10号 中芝12号	中国农业科学院油料作物研究所	湖北省武汉市武昌徐东二路2号430062	赵应忠	027—86733625	86816451
中芝11	中国农业科学院油料作物研究所	湖北省武汉市武昌徐东二路2号430062	张秀荣	027—86811836	86816451
鄂芝1号 鄂芝2号 鄂芝3号	湖北省襄樊市农业科学院作物研究所	湖北省襄樊市檀溪路268号441021	贺建文	0710—3576317	3576317
豫芝4号	河南省驻马店市农业科学研究所	河南省驻马店市富强路北段51号463000	李义之		
豫芝8号 豫芝11号	河南省农业科学院棉花油料作物研究所	河南省郑州市金水区农业路1号450002	卫文星	0371—5739047	5733276
豫芝10号	河南省驻马店市农业科学研究所	河南省驻马店市富强路北段51号463000	郑书太		
郑97C01	河南省农业科学院棉花油料研究所	河南省郑州市金水区农业路1号450002	卫双玲	0371—5739047	5733276
郑杂芝H03	河南省农业科学院棉花油料研究所	河南省郑州市金水区农业路1号450002	郑永战	0371—5739047	5733276

续附录 2

品种名称	供种单位	地址与邮编	联系人		
			姓名	电话	传真
驻芝 11 号	河南省驻马店市农业科学研究所	河南省驻马店市富强路北段 51 号 463000	孙梅英	0396—2962603	2930600
漯 12	河南省漯河市农业科学研究所	河南省漯河市 462000	张仙美	0395—3152240	3152240
赣芝 2 号	江西省上饶市农业科学研究所	江西省上饶市 334000	刘 毅		
赣芝 3 号	江西省农业科学院旱作研究所	江西省南昌市莲塘 330200	张冬仙 乐美旺	0791—57390004	7090001
冀芝 3 号	河北省农林科学院粮油作物研究所	河北省石家庄市裕华东路 440 号 050031			
冀 9014	河北省农林科学院粮油作物研究所	河北省石家庄市裕华东路 440 号 050031	李玉荣	0311—7670656	5054030
宁芝 2 号	江苏省丘陵地区南京农业科学研究所	江苏省南京市栖霞区仙鹤门 210046	戎新祥 吴 玮		
陕芝 3 号	西北农林科技大学农学院经作所	陕西杨凌农业示范区 712100	郭护团 郭永华	029—7082979	7082979

参考文献

1　陈翠云等. 中国芝麻品种志. 北京:中国农业出版社,1990

2　陈和兴. 黑芝麻种植与加工利用. 北京:金盾出版社,2002

3　陈和兴等. 中芝 8 号的选育及适应性鉴定. 中国油料,1986(3):30～33

4　徐长堤主编. 粮油棉作物优质高效生产技术. 武汉:湖北科学技术出版社,2001

5　张秀荣等. 航芝 1 号芝麻新品种的选育及配套栽培技术. 中国油料作物学报,2003,25(3):34～37

6　贺建文等. 芝麻新品种鄂芝 3 号选育及应用. 湖北农业科学,2002(5):64～65

7　李义芝等. 高产稳产芝麻新品种——豫芝四号. 河南农业科学,1990(8):8～9

8　卫文星等. 芝麻新品种豫芝八号的选育. 河南农业科学,1993(11):9～11

9　郑书太等. 高产多抗芝麻新品种——豫芝 10 号. 河南农业科学,1997(5):12～14

10　卫文星等. 芝麻新品种豫芝 11 号的选育. 河南农业科学,1999(7):3～4

11　卫双玲等. 优质高产高抗芝麻新品种郑 97C01 的选育. 河南农业科学,2002(12):16～17

12　郑永战等. 核不育二系芝麻杂交种郑杂芝 H03 的选育. 河南农业科学,2003(3):14～15

13　张仙美等. 优质芝麻新品种漯 12 的特征特性及栽培要

点. 杂粮作物,2002,22(3):163

14 郭护团等. 陕芝3号芝麻新品种的选育及配套栽培技术. 中国油料作物学报,2002,24(2):29~32

15 王子宁. 冀芝三号的选育及生产适应性鉴定. 河北农作物研究,1990(2):30~33

16 马希骥等. 高油高蛋白芝麻新品种晋芝2号的选育. 中国油料作物科学技术新进展(论文集),1996

17 刘毅等. 黑芝麻赣芝2号的选育. 江西农业科技,1993,(3):29~30

18 戎新祥等. 高产耐渍抗病黑芝麻新品种宁芝2号. 中国油料,1996,18(1):69

19 李玉荣. 黑芝麻新品种——冀9014. 河北农业科学,2001,5(3):69

20 刘正凡等. 武宁黑芝麻及其栽培技术. 江西农业科技,1995(6):11~12